JN207199

開発者・技術者・技術翻訳者のための

伝わる技術英語

～ 開発・製造の実務英語 ～

結論を
先に述べる
論理的順序に
AREAが
ポイント

世界の規格書と
優良企業の文書は
優良先生！！

なぜ伝わらないのか
理由がある

文法も
規格で
定義されて
いる

用語・略語
お奨め文章は
規格を活用する

技術英語は
筋トレ？

3Cが基本
正確に
明瞭に
簡潔に

社内標準化
データベースを
作成・共用

AI（エーアイ）

本書の内容の一部あるいは全部を媒体の如何を
問わず無断で複写・複製することは、法律で
認められた範囲を除き、著作者および出版社の
権利の侵害となり、著作権法違反となります。

本書の一部の複写複製をご希望される場合は予め
小社あて許諾を求めて下さい。

はじめに

グローバル化により近年の技術者は、英語図面のみならずデザインガイド・製造計画書・技術仕様書・作業標準書・QC 工程図さらに月例報告書・議事録・社内論文・日常のメールおよびクレーム処理などに英文表記が必要な業務は幅広くなってきています。これらの技術資料を介したコミュニケーション能力が問われる時代となりました。

本書は、国際的に通用し相手に伝わる英文技術書を作成するポイントを整理し、開発技術・製造技術・技術翻訳をされている皆様に実務的な英文技術書の作成を支援します。

具体的には:

① 「なぜ伝わらないのか」を考えてみる
「技術英語」の学習の機会が少ない。ものの考え方・文化の違い:論理的順序、選択基準の明確化、達成目標の追求、グローバル化の人材の要素、組織としての支援と標準化

② 基本的な技術用語・英語表現を学ぶ
国際規格・技術文書で使われている用語・略語・文章作成を学ぶ。

③ 文書作成法は、ISO/IEC/JIS の規格、適用分野の規定などで制定されているので、それらに準拠する。
さらに、EU 一般データ保護規則(GDPR)・著作権・製造物責任法(PL 法)などの規制があります。何でも作成すればよいものではありません。

④ 技術英語の基本文法を学び、さらにグローバル・コミュニケーション力を高めます

⑤ 似た英語表現を学び、伝わる英語表現を学ぶ
英語表現ではお互いに理解し合えるように、Correct (正確に)・Clear (明瞭に)および Concise (簡潔に)の3Cが求められています。

⑥ 英語プレゼンテーションの準備と実施とプレゼンテーションの決まり文句を学ぶ

⑦ 「伝わる技術英語」セミナーでの質問と回答例を参照し、知りたいこと、悩んでいることを共有します。

なお、英語図面に関しては、拙書「図面の英語例文＋用語集　II」、「技術者の実務英語」、「英語図面の作成要領　II」を参照くださいますようお願いいたします。
最後になりましたが、技術実務英語を勉強される多くの方々に有効な教材となることを願っております。

これだけ多くの分野をまとめましたので、私自身の経験・知識だけでなく、多くの見識者・専門家・先生のご支援をいただきました。
ここに記して深く御礼申し上げます。

最後に、アドバイス・校正に尽力をして頂いた元酒井重工業株式会社 常務取締役兼海外事業本部長　田沼 康克氏・泓田 志保氏および当編集には協和オフセット印刷株式会社 荒川 徳昭氏の多大なる助言と励ましを頂き、厚く御礼申し上げます。

2025年2月

板谷 孝雄

＊著者は本書の記述内容に誤りはないと信じている。しかし、これを読者が利用することに起因するすべての問題については、著者は一切責任を負うものではなく、利用者が自らの責任で行うものとする。

目次

第1章　なぜ伝わらないのか

Why isn't It Being Communicated Effectively?

1.1「技術英語」を学習する機会が少ない

Few Chances to Learn Technical English

海外では、文書の書き方・プレゼンテーションの仕方・議論の仕方の教育が幼少期から行われている。近年、日本の義務教育でもICTを用いたプレゼンテーションを行う授業が増えているようだが、現在、いわゆる現役世代でこうした教育を受けた人は少ないのではないだろうか。そのためプレゼンテーションを苦手とする人が多いのではないだろうか。

また、「一般英語」と「技術英語」の違いをご存じだろうか。
日常会話などの「一般英語」は義務教育から学習するが、専門的な「技術英語」を専門的に学習する機会が少ない。「技術英語」では、「世界規格」として用語や略語が明確に規定され標準化されており、英語表現も推奨文章もある、専門的な表現でもある。

海外規格や書籍では、冒頭に用語・略語の定義があり、その後本文が記載されることが多いが、日本の書籍では、まず本文があり巻末に用語集が記載されていることが多い。この構成の違いにより、日本では用語が標準化されにくい。このため、「一般英語」の知識を使い無理やり「技術英語」化にしたり、カタカナ語のルーツである和製英語を誤って使用する事例を散見する現状がある。

ここでは、こうした問題点を整理しながら、どんな点に気を付けて「技術英語」を使用したらよいか、事例を挙げながら説明したい。
プレゼンテーションにおいても、そのポイントを意識すると伝わりやすいだろう。

例えば:
アース・グランド・地線（電気学会）のように用語が標準化されていない。
さらに、優良サンプルとなる英文技術文書に実務で触れる機会が少ない。

参考文献:
ASME Y14.38 Abbreviations and Acronyms for Use on Drawings and Related Documents.（図面および関連文書での略語と頭字語の使用法）

1.2 ものの考え方の違い　Different Notions

1.2.1 論理的順序　Logical Order

多くの日本人は、これまでの教育と慣習により、「**起承転結**」が身に染みついており、「**結論**」**を最後にしてしまう傾向**がある。述語が最後になる日本語特有の語順にも原因があるだろう。
Introduction, Development, Turn, and Conclusion.

しかし、外国人・外資系や一流企業の多くの人は、結論を先に述べるスタイルが好まれる。これは記述のみならず、口述説明でも同様である。
「**結論**」がないと、何を述べたいの？

「**理由**」は、英語圏では特に必要に求められる。 日本ならThank youで済む。
Thank you both **for** taking good care of me.
　二人とも、私の面倒を見てくれてありがとう。

「**実例**」が乏しいと「本当？」と思われる。
最後の「**まとめ・主張**」が不明確だと、「だからどうなの？」、「何を言いたい？」と思われる。

お勧めの論法は、A・R・E・Aである（アリアと覚える）。
結論から先に書くと相手に理解されやすい。
どれを抜いても相手に納得してもらえない。

内容		**例:**
A: Assumption	仮定・結論	私はバナナが好きだ。
R: Reason	理由	バナナは栄養があるからです。
E: Example	実例	マラソンの栄養補給にバナナがある。
A: Assertion	まとめ・主張	だから、今後もバナナを食べる。 今後も皆さんにバナナを勧めたい・・・。

1.2.2 選択基準の明確化　Clarification of Selection Criterion

選択基準を明確にしなくても、日本語では伝わる習慣がある。

問題：

地球は、オレンジに形が似ています。

Earth is similar to orange.

これは正しいですか？

＜ポイント＞

・the、an は抜かさない。基本的な英語文法。

・be similar to は「類似する」で、look like などの使用は図面英語では見かけない。

・in shape「形が」と言う**選択基準**を落としやすいので注意する。

参考: by weight（重量で)、in color（色で）、in size（寸法で）

正解： The earth is similar to an orange in shape.

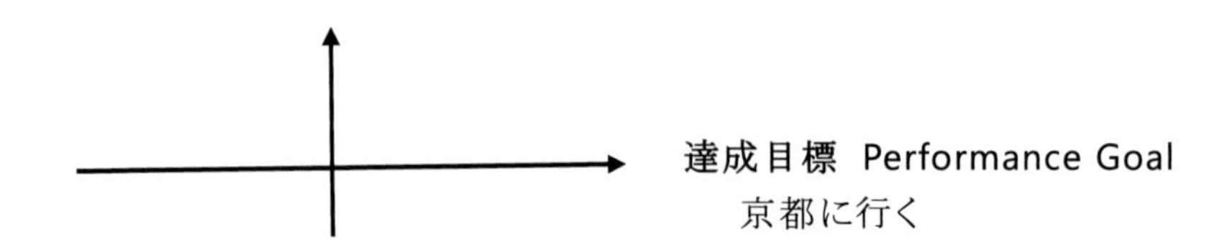

選択基準 Selection Criterion

安く行く、早く行く、楽しく行く・・・

形が（in shape）、重量で（by weight）、色で (in color)、寸法が（in size）

計画理論では、この「達成目標」と「選択基準」の要素の必要性を学びますが、これを基に、各種の経営計画の理論展開が盛んになって来ています。

1.2.3 達成目標の追及 Strategy of Performance Goal

達成すべき目標の意識化の違い。

海外では達成すべき目標への意識が強い傾向

・どうあるべきか（should be)、何が今後に必要か、重要か？
・大きな目標を設定し、革新に繋げる。
・障害は多くあるが、それは乗り越えるものだ。（過去に例がないはない。）
・倫理的・法順守を尊重する。 キリスト教の影響。
・結果として、ゲームチェンジを引き起こす。
「ゲームチェンジ」とは、既存のビジネスルールや市場を根本的に変えるような革新的な出来事やアイデアのことを指す。 スマートフォンの登場など。
・数値化する（具体的に示す）
塩を適当にまぶす。 ＞＞ ○○g, cm3、小スプーン○○杯・・・。
糸面取り ＞＞ ○○mm MAX
・議論をして、より意見の相違を確認する。
日本人と外国人とは議論に違いがある？ 議論だけでなく、何が本当に必要かを模索しています。

日本人：

君とはいろいろ話したが、言い方が違うだけで「言っていることは同じだよね。」
＞＞ 実際は意見が違い、ただ仲間意識をしてまとめてようとしているだけ。

外国人：

あなたと私の意見とどこが違うのかを確認している。
＞＞ 結果の違いは当然あるとの認識。

1.2.4 グローバル化の人材の要素
The Skills and Knowledge for Global Human Resources

我が国が世界の経済・社会の中にあって、今後育成・活用していくべき「グローバル人材」の概念を整理すると、概ね以下のような要素が必要と考えられる。
これらを積極的に学び、習得する努力をする内に技術英語を理解する本質があるかも知れない。語学力だけが必要ではないことに注視。

要素Ⅰ：語学力・コミュニケーション能力
要素Ⅱ：主体性・積極性・チャレンジ精神・協調性・柔軟性・責任感・使命感
要素Ⅲ：異文化に対する理解と日本人としてのアイデンティティー

このほか、「グローバル人材」に限らずこれからの社会の中核を支える人材に共通して求められる資質としては、幅広い教養と深い専門性、課題発見・解決能力、チームワークと(多様な集団をまとめる)リーダーシップ、公共性・倫理観、メディア・リテラシーなどを挙げることができる。

参照：
「グローバル人材育成戦略」グローバル人材育成推進会議２０１２年

1.2.5 組織としての支援と標準化
Organizational Supports and Standardization Activity on Database

グローバル化に対処しようと企業トップは声高に叫ぶが、その下層の取締役・部長などは日常業務・業績に追われて対処せず、技術担当者・技術翻訳者にのみ負担が掛けられているのが現状と思われる。

特に、固有技術に関しては、組織・予算・教育体制は完備されていても技術英語に関しては、個人努力に任せられているのが現状である。

下記の対策が望まれる。

a）意識改革　Reform of Mindset

現状の問題点を把握し、目指す企業目標を明確にして予算化・組織化して全社体制にしない限り、グローバル化および技術英語の前進は難しい。

・予算を確保する。
・人材の確保と組織づくり、人材を選定し責任者を明確にする。
・外部コンサルタント会社・専門家を活用する。

b）英語表現の標準化　（データーベースライブラリー）
Standardization Activity with Database

社内標準化を早めるには、社内で誰でも使えるデーターベースライブラリーを作ることが重要である。
日常に英文技術文書を作成するときは、使用する用語に戸惑うだろう。市販辞書・インターネット検索で適切な用語を見つけるには困難が戸惑う。技術者のひとりひとりの表現が異なると、読む人も混乱するので、標準化が求められる。

例：

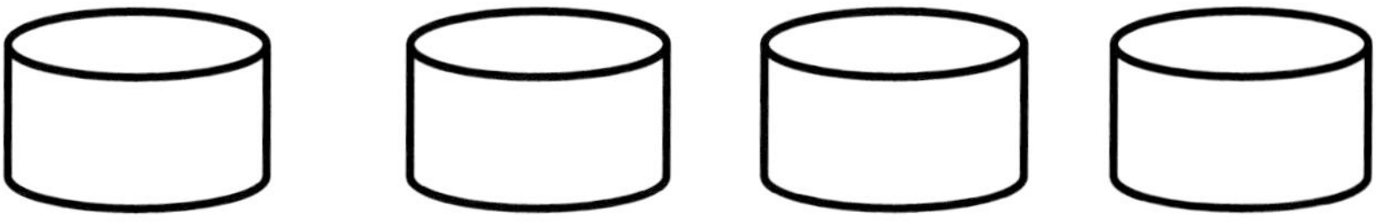

適用文書サンプル	**技術英語辞書**	**便利帳**	**発行文書**
図面英語例文集	技術英語辞書	英文法	図面マスター
技術仕様書例文	英和・和英辞書	似ている用語	仕様書マスター
作業指示書		規格一覧表	作業指示書
QC 工程図		プレゼン要領	QC 工程図
説明書		不良用語集	説明書

c) 教育システム　Education System

- 社員の成長に伴う社内・社外の教育システムの樹立。
- 外部専門家による指導。
- ライブラリーの充実：社内図書室・部門内図書での書籍の選定・拡充。データーベースの共用。

第2章　技術英語の基本

Keywords for Technical Writing

・**Correct** (正確に): 正しい単語・文法

的確な名詞・動詞・助動詞の選択、文法ミスや数字の間違いはしない。

・**Clear** (明瞭に): 不明確な表現をしない。誤解を与えない

伝えるべき内容の論理関係を明確にし、具体的で分かり易い語句と構文。

・**Concise**(簡潔に) : 何を言いたいのか、簡潔に述べる

長文を避ける。 先に結論・重要な指示内容を伝える。

第3章　技術者の基礎文法

Basic Elements of Grammar for Engineers

3.1　助動詞の用法　Auxiliary Verb for Use and Handling

3.1.1　義務・推奨・要請・要求・許可・禁止

学校教育ではおなじみの助動詞であるが、「技術英語」は規格に寄り明確な定義がある。

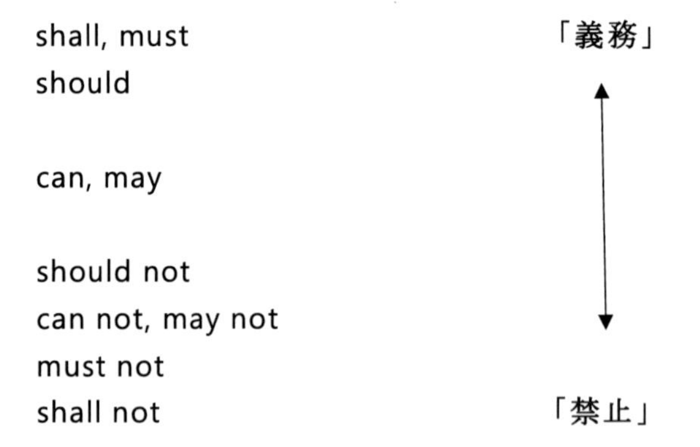

shall: 取扱説明書・仕様書および契約書などの場合には、記載内容の履行を義務として強制する意図をもつ。**法的な拘束力をもつ**という点では、最も強い助動詞である。 **ISO9001:2000 年規格では 136 個あり。** 取扱説明書では一般に“shall”と同様の強い意味を持つ命令構文が使われる。

〈例〉

All materials **shall** be UL 94V-1 or better.

材料はすべて UL 94V-1 以上であること。(耐燃性の評価基準)

must: 取扱方法や操作手順などの記載事項をユーザーに**義務付け、厳守させる**場合に用いる。

〈例〉

This product **must** be kept from freezing during storage.

この製品を保管中凍結させないでください。

should: 「推奨」「要請」「要求」あるいは**軽い「義務」**を表明する場合に用いる。 **日本企業では、should の使用だけのところもあり。**

〈例〉

Surfaces to be coated **should** be free of oil, grease and foreign matter.

塗装する表面に、油やグリースあるいは異物があってはいけません。

can, may: **「許可」**の意味で用いる。

〈例〉

Edges **may** be chipped to a maximum dimension of 2.5 mm wide and 1 deep.

稜は最大 2.5mm 幅で 1mm の深さに削ってもよい。

should not, can not, may not, must not, shall not: これらはすべて**「禁止」の意味**をもたせるのに用いる。“may not”は「権利の剥奪」を意味する場合の「禁止」に用いる。

〈例〉

The following databases **may not** be duplicated in hard copy or machine readable form without written authorization from producer.

作成者の許可書なしに、次のデーターベースをハードコピーや機械読り可能な形式で複製してはなりません。

3.1.2 可能性

must　　　　　　　　　　　**「論理的必然性」**
will, would　　　　　　　　　↑
should

can, may, might, could

may not, might not　　　　　　↓

should not, will not, would not
must not, could not, can not　　**「不可能」**

must: 確実性の強い見込みである「論理的必然性」を意味する。

〈例〉

If the rectifier falls out again, the disturbance **must** be in H.T circuit.

整流器に再度故障が生じる場合には、外乱が必ず高圧回路にあるに違いありません。 H.T: High-Tension

will, would: ありそうなこと、見込み; 「想像」「可能性」

〈例〉

The next-keyboard character **will** appear on the screen.

次に、叩いたキーボードの文字が画面にでます。

should : 既知の事実・条件から当然ありうる「可能性」を意味する。

〈例〉

With fresh batteries, the ready light **should** blink after 5 second.

新しい電池では、準備完了灯は 5 秒後には明滅するはずです。

can, may, might: 疑わしいもしくは確信がないという場合、または不確実性
could が可能性に混じっている場合; 「確実性に欠ける可能性」

〈例〉

Although the following instructions **might** seem rather complicated at first, just bear in mind that they are all based on the principles.

以下の説明は初めのうちはかなり面倒に思えるかもしれませんが、すべて原理に基づくものですから覚えてください。

〈参考　会話では〉

may: ～かもしれない。(50%ほど)

might: ～かもしれない。(30%ほど)

may not, might not: 可能性の乏しい「可能性の否定」

〈例〉

You may not check your note.

ノートをチェックすることはできません。(公的な禁止)

In that case, you **might not** hear the beep tones.

その場合、ビープ音は聞こえないかもしれません。

should not, will not, would not; 可能性の乏しい「可能性の否定」

〈例〉

Customers should not fear a leak of personal information.
紛失による個人情報流出の恐れはない。

Applicants will not be notified.
出願人は、それについての通告を受けない。

I would not want that pressure.
そうしたプレッシャーは望みません。

must not；「不可能」 don't～と同等の強さを持つ禁止「絶対ダメ」

〈例〉

You must not check smoke here.
ここでたばこを吸ってはいけません。(ガソリンスタンドで言われそう)

You may not check smoke here.
ここでたばこを吸ってはいけません。(レストランで言われそう)

could not, can not；「絶対の不可能」

〈例〉

You can't use AI tools.
AI ツールを使ってはいけません。

＊You can't は「許可しない＝禁止」。単に「そうした自由がない」を意味をするため、must not の高圧的な禁止、may not の権威的な禁止より、中立的で使いやすい表現。

＊MIL 規格（MIL-STD-490: Specification Practices, MIL-M-38784B: GENERAL STYLE AND FORMAT REQUIREMENTS FOR TECHNICAL MANUALS）

3.2　前置詞（at、on、in の使い分け） Prepositions

3.2.1　at、on、in の場所の表現

Practices for Use At、On、and In (Location)

(1)　位置関係

AT: 1次元（X軸の一点。ある地点とした位置）

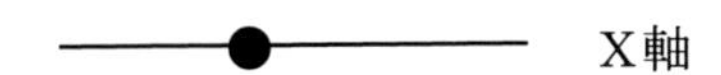

・The train stops **at** Chigasaki.
電車は茅ケ崎駅に止まります。（ある1点（茅ケ崎駅））

・My house is **at** the third crossroads after the bridge.
私の家は橋を渡って3番目の十字路のとこにあります。

・**At** the end of the line
線の端で

ON: 2 次元（X軸上、またはX軸とY軸の平面上。ある線上、面上の位置）

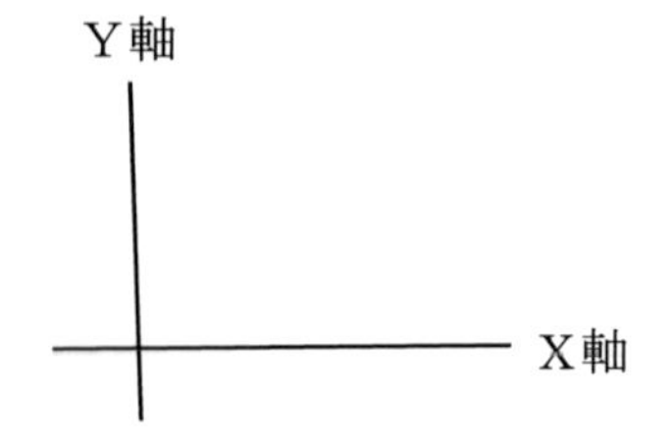

・There is a pen **on** the desk.
机に上にペンがある。（ある面上にある）

・The movable part is rotating **on** its axis.
その可動部品は軸を中心として回転している。
（軸を中心として。centering on「～を中心として」の省略形とも考えられる。）

・There is a good restaurant **on** the Ginza road.
銀座通りに、すてきなレストランが1軒ある。（ある線上に）

・You used to have a picture **on** the wall, didn't you?
以前は壁に絵を掛けていましたね。（ある面上にある）

・We live **on** a small river that flows into the Tamagawa.
私達は多摩川に注いでいる、小さな川沿いに住んでいる。
（何かが、ある線上、または（川・道・国境のような）線上のものに触れているか、または近くにあるものを示すのに、on は用いられる）

＊平面（へいめん、plane）とは、平らな表面のことである。
一般的には曲面や 立体など（3次元）と対比されつつ理解されている。

ON:（面上で、舞台でのイメージで）

機器・媒体が作り上げる機能の「上で」活動が作られる場合に、ON が用いられる。

・I took some photos **on** my phone.
私は携帯電話で何枚か写真を撮りました。

・I watched a great movie **on** my computer.
私はコンピューターで素晴らしい映画を見ました。

・I saw the movie **on** your website.
私はあなた方のウェブサイトでその映画を見ました。

・The drama is now **on** air.
そのドラマは今放送中です。

・Please get **in** the car.
その車に乗ってくれ！！

・Please get **on** the train.（on the bus/the train/the plane/the ship）
その電車に乗ってくれ！！（空間より、板床の上と捉えている。）

・I left my bag **in** the train.
電車にバッグを忘れてしまった。

・It's **on** me this time.
今回は、私がおごります。
＊on には「圧力」の使い方が生まれます。支払いの責任が「私」にグッとのしかかる一そこから「おごる」の使い方が生まれる。

・You can always count on me.
いつも僕を当てにしていいよ。（支える on）

IN: 3 次元（X軸、Y軸、Z 軸の 3 次元での場所。長さ・幅・深さをもつ位置）

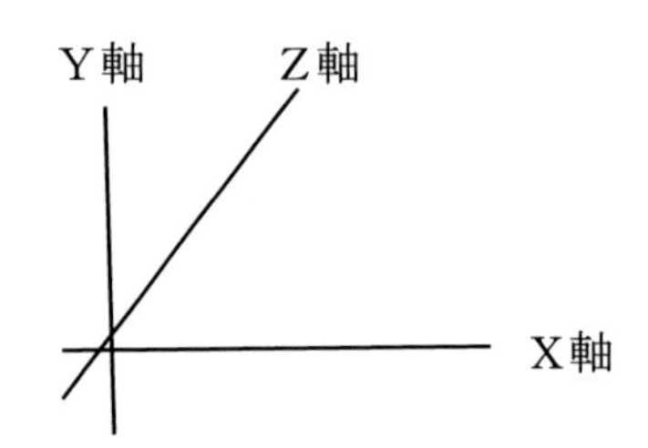

・Plating discoloration permissible **in** area of bend.
曲げの箇所では、めっきの変色はあってもよい。（曲げは曲面で3次元）

・I think I left my tennis racket **in** the bathroom.
バスルームにテニスラケットを忘れてきたらしい。（部屋は立体の3次元）

・You can write answers **in** pen or pencil.（そういった「やり方」で）
解答はペンでも鉛筆でも構いません。

・Nakamura appeared **in** a red jacket.
中村さんは赤い上着姿で登場した。
in sunglasses: サングラスを身に着けて
in your shoes: 靴をはいて

・Love Letters **in** the Sand.
砂に書いた LOVE の文字。（砂に書いた文字は、砂表面より深くなる。）
（曲名。間違って「砂に書いたラブレター」と訳されている。）

・There is my nose **in** my face.
私の顔に鼻がある。（顔は立体でのっぺりの板状ではない。）

・Blowing **in** the Wind.
風に吹かれて （曲名、ボブ・ディランの作詞作曲）

3.2.2 **at、on、in** の時の表現

Practices for Use At, On, and In (Time)

AT: 厳密な時刻を示す

・The production line was stopped **at** noon.
生産ラインが正午に停止した。

・My line manager will call back to me **at** night.
私の課長は夜に、電話をして来るでしょう、

ON: 日・曜日・日付・決まった日を示す

・The machine will start to work **on** Monday morning.
その機械は月曜日の朝に稼働し始めます。

・**On** a cold afternoon in January, we found many off-spec parts.
1月のある寒い日の午後、 多くの不良品を見つけた。

IN: 月・季節・西暦・世紀・一定期間を示す

・The new product was launched **in** March.
新製品は3月に発売された。

・Ask me again **in** three or four days.
3、4日したら、また問い合わせてください。

・**in** a half century.
半世紀で

・The movie starts **in** five minutes.
映画は5分**後**に始まります。

＊未来の文脈で使われる「in」は、「～の中」ではなく「～後」、after ではない。

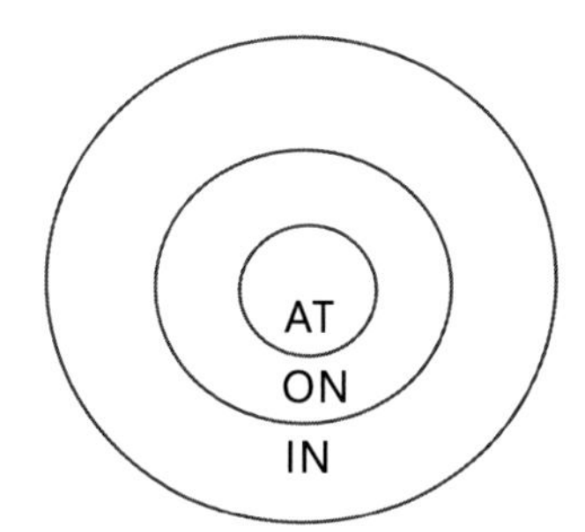

まとめ：

AT（時刻） ＜ ON（曜日・日付） ＜ IN（月・季節・年・世紀）

3.3 定冠詞・不定冠詞・無冠詞 (a, an, the)

Articles, Indefinite Articles, and Zero Articles

(1) 定冠詞 the は名詞につけて、ある限定されたものであることを指摘するために使われる。

・**switch**: **一種の装置**を意味する語。
物質名・抽象名に典型的に使われる。個体・単位・種類などとしての仕切り感が意識されない対象を意図している。

・**switches**: 複数を意味する。
複数形では、任意に複数を取り出して、**"概して、一般に"**の意味。

・**a switch**: switch と呼ばれるあるカテゴリーに属する装置の中の一つを意味する。
「特定化しない対象」を指す。**"どれでも、どれも、どんな"**の意味。
不定冠詞には a と an があり、a は子音の前、an は母音の前で使われる。
例 : an apple、 an orange で、 a man、a table など。

・**The switch**: ある特定の既に知られている、またはユニークな switch を指す句である。 一つに限定される。
お互いに理解しあっている場合、聞き手が対象を特定できるという想定が成り立つ。 the="その"よりは、**"例の、典型的な"と相手との情報共有がされていることを表す。**

(2) 名詞は修飾語(句)によっても限定することができる。

The unit in operation (稼働中の)
The unit that was repaired (修理された)
The first unit (最初の)

(3) 一般的に次の場合には、the を使わない。

・慣習的な方法(手法)を表す名詞(句)の前

The process was tested by ~~the~~ computer simulation.

その工程はコンピューター・シュミレーションにより試験された。

・性能(機能)などを表す名詞(句)の前

A computer check was used to improve ~~the~~ accuracy.

コンピューター検査は精度向上のため使用された。

・略号(略称)的な名詞(句)の前

The method is essentially the same as the one in ~~the~~ process 3.

その方法は工程＃3のものと、本質的に同じである。

・所有格の単語に修飾される名詞(句)の前

The device follows the construction techniques suggested in ~~the~~ Karquist's model.

例の装置はカークイストのモデルで提案された建築技術に従う。

・ただし、前に述べた名詞(句)が修飾句を伴う場合は、"the"を付けることに注意されたい。

....by **the** computer simulation **referred to in Part 1**.

....**the** accuracy **of the device**. (修飾句)

(4) 次の場合には、"The"を用いる。

・有名な、よく知られたという含みのある場合

The Faraday effect (あの有名なファラデー効果)

・すでに解っている、先の、先述の例という含みのある場合(**相手と理解されている**)

The process

・総称的な含みをもつ場合

The LSI has revolutionized the computer industry.

LSI というものがコンピューター産業を革命的に変化させて今に至っている。

(5) 名詞が最上級の形容詞や順序数詞に修飾される場合は、定冠詞を用いる。

・**The** best approach is reactive sputtering.

最善の方法は反応性スパッタリングである。

・**The** second test was successful.

第2試験は成功であった。

(6) 名詞が特定の意味を与える語に修飾される場合は、定冠詞を用いる。

・**The** master switch is on the console.

その親スイッチは操作卓にある。

・**The** main source is a lithium battery.

その主電源はリチウム電池だ。

(7) 名詞に接続する語として the はいつも適切とは限らない。

A data-base management system has been developed.

(ある)データーベース管理システムが開発された。

(一回目の言及)

⇩

This system performs data storage and transaction control functions.

~~The~~

このシステムはデータ保管およびトランザクション制御機能を実行する。

(二回目の言及)

⇩

The system features modular organization of important design decisions.

そのシステムは重要な設計判断に関するモジュール組織化を特徴とする。

(三回目の言及)

(8) 英語を母国語としない人にとっておそらく冠詞の用法が一番難しい。

冠詞の用法に関しては規則もいろいろあるが、例外もまた多いからである。誤りを少なくする方法の一つとして、"the"を必要としない場合を集中的に学習し、それ以外の場合に the を用いるようにするのもよい。

(9) 冠詞(the)・不定冠詞(a、an)の省略

表題・タイトル・記号の説明文、図の説明文では、伝統的に冠詞の省略法が適用されてきたが、著者・編集者の判断によって冠詞を省略することなく、そのまま保持しても良いとされている。

・Fig 1　Defect distribution in [the] plastic product.
　図 1 プラスチック製品の不良別数

参考: 「技術英語の基盤」 フランシス・J・クデイラほか著　朝日出版社

3.4 句読法 Punctuation

3.4.1 コロン(:) The Colon

主に下記の様に使用される。

(1) リストの提示のため

The purpose of a detail flowchart is as follows: (#1) to interpret the detailed program specification, (#2) to define the programming techniques to be used, (#3) to provide clear directions for coding, and (4) to make the coded program more intelligible.

詳細な流れ図の目的は、すなわち(1)詳細なプログラム仕様書を解説すること、(2)利用できるプログラム技術を明確にすること、(3)コーディングする明確な道筋を付けること、そして(4)より分かり易いコーディングされたプログラムを作成することである。

＊「:」は動詞または前置詞を補語や目的語から離して、コロンを使用してはならない。

誤: The purpose of a detail flowchart **is: (#1)** to interpret....

誤: The purpose of a detail flowchart is **to: (#1)** interpret....

誤: The routine converts**: (#1)** an EBCDIC value into a real number....

(2) 説明のため

The research was of little value**:** it was too vague.

例の調査はほとんど価値がない。**それは**余りにもあやふやだったのでした。

＊「:」は、ここではコロンの代りにセミコロンも使用できる。

(3) 引用のため

As Wittgenstein remarked**:** “The world is the totality of facts, not of things.”

ウィトゲンシュタインが述べたように、「世界は事実の総体であり、物の総体ではない」

(4)　割合を示すため

The proportions of yttrium, barium, and copper are **1:2:3**.

イットリウム・バリウム・銅の割合は、1：2：3である。

＊「:」コロンの前は空けないこと。　⇩

誤: Do not leave a space before a colo**n :** it is incorrect.

コロンの前は空けないこと。すなわち間違っています。

正: Close the spac**e:** this is correct.

スペースを空けない。これが正しい。

＊読み方

1:2　　one to two

1:2:3　(at) a one-two-three ratio

3.4.2 セミコロン（;） The Semicolon

主に下記の様に使用される。

(1) 対比のため

In capitalist societies, man exploits man**;** in socialist societies, on the other hand, the opposite is true.

資本主義社会において、人はひとを搾取する。**一方**、社会主義者の社会では、それに対して、その反対が真実であると。

(2) より詳細に示すため

Liquid nitrogen is a much cheaper coolant than liquid helium**;** it is also much safer.

液体窒素は、液体ヘリウムよりもっと安価な冷却剤である。**さらに**、それはもっと安全である。

(3) 長文での主要な区分を示すため

The executive committee is made up of the president of the club**; the secretary**, who is a paid officer**; the treasure**, who must be a certified professional accountant**;** and **a vice-president**.

例の執行委員会は、クラブの社長とその秘書（有給社員で）、財務担当（公認会計士であること）、そして副社長で構成されている。

3.4.3 コンマ（,） The Comma

コンマは多くの目的を持っている。最も重要なものは次の通りである。

(1) 節を区切るため

After I joined the group, I became interested in applications of 3D graphics.

例のグループに入った後、私は3次元グラフィックスのアプリケーションに興味を持つようになった。

(2) 叙述から引用を区別するため

"Only 5 percent of the compound was superconducting," says Grant, "indicating the presence of multiple phases."

「化合物のたった5％は超電導だった」さらに「それは、多重位相の存在を示す」とグラントは言う。

＊ 米国式では、コンマは第二番目の引用符の前に置かれる。

(3) 誤解を防ぐため

正: The dog growled when the thief entered, and bit his leg.

泥棒が侵入した時に犬はうなり声をあげて、（そして）彼の脚を噛んだ。

誤: The dog growled when the thief entered and bit his leg.

泥棒が侵入し彼の脚を噛んだ時に、犬はうなり声をあげた。

(4) 連続した項目を区切るため

The project group consists of Messrs. Jones, Jeans, Jameson, Jonson, and Jordan.

そのプロジェクトグループはジョンズ氏・ジーンズ氏・ジェームソン氏・ジョンソン氏そしてジョーダン氏で構成される。

＊最近の傾向は、最後の項目を除く全ての項目の後にコンマを付ける。

(5) 非制限的関係詞節(修飾した名詞を制限しない節)を囲むため

Yttrium, which is a rare-earth metal, was found to be more efficient than lanthanum.

イットリウムは希土類金属であるが、ランタンよりはもっと効率的であることが分かった。

The Inuit, who are ethnically an Asian race, live in North America.

イヌイット族は、民族的にはアジア人種であるが北米に住んでいる。

＊一方、制限的関係詞節はコンマにより区分されない。

Oxygen molecules that have three atoms are called ozone.

3個の原子を持つ酸素分子は、オゾンと呼ばれる。

People who live in glass houses shouldn't throw stones.

ガラスの家に住んでいる人達は、石を投げるべきでない。

(6) 挿入語句(文に対して中央でない語句)を囲むため

Within a year, unless anything goes seriously wrong, our profits will have doubled.

1年以内に、何かひどい手違いでも生じなければ、我が社の利益は2倍になるであろう。

Questions, etc., will be dealt with later.

ご質問、その他は、後ほど対応します。

The response from other companies, unfortunately, was not favorable.

他社からの返答は、残念ながら、好意的なものでなかった。

(7) 日付の区分のため

February to July, 2021

April 13, 2022

Wednesday, November 13, 2020

＊ 欧州および米国の一部の出版社は、次のように日付を書く。
13 April 1977、 November 1982
＊ コンマを付けるなら、年号の前につける。
＊ 数字の後にくる文字（-st、-nd、-rd、-th）を省略することもある。

(8) **AND** での区分

A AND B

A, B**,**AND C　　3 個以上は「AND」の前に、「,」を入れる。

3.4.4 ピリオド（.） The Period

ピリオドは文の最終区切りに使われて、最も強い区切りである。
点(ピリオド)の使用上の制約もある。

(1) 単位記号の後にピリオドを使わない。

誤： 2 mm. THICK IN NOTED AREA.
正： 2 mm THICK IN NOTED AREA.

(2) 科学的表現での略語の後にピリオドを使わない。

誤 : AVG.
正 : AVG (average,平均)

誤 : DC.
正 : DC (direct current、直流)

(3) 独立している節では、節の終わりでコンマを使わない。

誤 : The 909 printer is our most popular model, it offers an unequaled versatility blend of power and versatility.

正 : The 909 printer is our most popular model**.** It offers an unequaled versatility blend of power and versatility.

例の 909 印刷機は我が社の人気モデルです。そしてパワーと多様性の最上の一体化です。

＜まとめ＞

(1) 区切りの優先順序

（.） Period ＞ （;） Semicolon） ＞ （,） Comma

スーパーコンマとも呼ばれる　同等に繋ぐ

(2) 別枠

(:) Colon（コロン） A:B　A は B の説明。

6:30　6時30分

参考文献：

・Michael J. McDonald「A Course in Technical Writing」IBM Tokyo Research Laboratory, Vol.2(Apr 10,1990), Vol.3 (Autumn 1990), Vol.4 (Winter 1992)「２．６　対句法・対応」および「２．５　限定性」。

・川合ゆみ子「技術系英語 プレゼンテーション教本」日本工業英語協会 2013 年

・Mike Markel「technical COMMUNICATION」Bedford/St. Martin's 2012 年

3．5 限定性 Specificity

特定した情報・指示を与える必要はあいまいではならない。
ただし極端に分かりきったことや不必要な詳細について述べる必要はない。

例 application

誤: This technique has **many applications**.
この技術は多くの利用がある。(具体的な適用分野が見えない。)

正: This technique has applications **in many areas, such as** design, surgery, and education.
この技術は、設計・外科・教育などの多くの適用分野がある。

3.5.1 グラフ・写真・図・表などを加える Include graphs, photographs, figures, tables, etc.

日本の資料は言語解説が多く、グラフ・写真・図・表などが少ない。
米国などの新聞は、グラフ・写真・図・表が多く理解しやすい。

＊, etc:, and, etc は誤り。2つ以上ある場合は、「,」にする。

3.5.2 不明確な単語をさける Avoid vague words

たぶん(possibly)、もしかすると(perhaps)、たぶん(maybe)、かもしれない(may)、かもしれない(might)、おそらく(probably)、いくらかの(some)、数個の(several)、たくさんの(a number of)、かなり(rather)、かなり(quite)、ある程度(to some extent)、まあまあ(somewhat)、とかいうもの(thing)、事柄・品目(item)、もの(object)

誤 : This system may **possibly be of use** in the area of ticket reservations.
このシステムは、チケット予約の分野で**多分役に立つ**かも知れない。

正 : This system has **potential applications** in the area of ticket reservations.
このシステムは、チケット予約の分野で**潜在的な**有用性がある。

3.5.3 正確な数値を示す Give exact numbers

誤 : **Several** items are required.

数個の品物が必要です。

正 : **Three** tools are required.

3 個の工具が必要です。

3.5.4 名称・日付などは省略しない Give names, dates, etc. in full

誤 : a product marketed by **Sumitomo**.

住友により市場に出された製品。

launch: 発表する、(ロケットを)発射する、進水させる

正 : a product marketed by **Sumitomo Chemical Company, Limited**.

住友化学株式会社により市販された製品。

3.5.5 参照・関連について明示する Give References

誤 : A fuller survey is given **elsewhere**.

他のどこかでより詳細な調査がされた。

正 : A fuller survey is given **by Pinkerton**.

より詳細な調査がピーカートンによってされた。

3.5.6 略称は最初に使用する際には略さない

Spell out acronyms the first time you use them

誤 : We describe an **AMR** developed at IBM's Yamato Laboratory.

私達は IBM 大和研究所で開発された AMR を説明する。

正 : We describe an **autonomous mobile robot (AMR)** developed at IBM's Yamato Laboratory.

私達は IBM 大和研究所で開発された自立性の可動性ロボット (AMR)を説明する。

3.5.7 読者にとって馴染みのない用語は意味を明確にする
Define terms that may be unfamiliar to readers

Indexing is a well-known technique **for reducing a search space**.
索引作成は、検索空間を減らすための良く知られた技術である。

A class is a key concept **in object orientation**.
クラスとはオブジェクト指向の主要な概念です。

3.5.8 分かり切ったことを述べるのを避ける
Avoid stating the obvious

誤：The **bidirectional** calculation feature provides **bidirectional** calculation.
双方向性の演算は、双方向性の演算の提供を行う。
＊「馬から落馬」的。

正：There is a **bidirectional** calculation feature.
双方向性の演算機能がある。

誤：A network reliability **problem** is a **problem** of computing ....
ネットワーク信頼性問題は、～のコンピューティングの問題である。

正：A network reliability **problem** involves computing ....
ネットワーク信頼性問題は、コンピューティングに影響する。

3．6 対句法・対応 Parallelism

矛盾がないこと。すなわち関連した考えを表現するために同様な語句・表現を使用する。

3.6.1 つづり(スペル)と専門用語 Spelling and Terminology

例えば、文書を通して同じ用語には同じ綴り(スペル)、ある概念には同じ名称・専門用語(terminology) を使用する。

誤 : We discuss **analog** and **non-analogue** technologies.
私達はアナログと非アナログ技術を話し合った。

正 : We discuss analog and non-analog technologies.
私達はアナログと非アナログ技術を話し合った。

＊analog の反対語は、digital。

誤 : Our **measurement** method is different from conventional **measuring** methods.
私達の測定法は、従来の測定する方法とは異なっている。

正 : Our measurement method is different from conventional measurement methods.
私達の測定法は、従来の測定する方法とは異なっている。

3.6.2 首尾一貫した観点 Consistent Viewpoint

一つの節より次の節まで、主語・動詞の時制・能動態と受動態は出来る限り首尾一貫させる。

(1) 主語 Subject

誤 : The editor vi is window-based and **menus** can be attached to it.
エディター vi は、ウィンドウベースで、メニュはそれに添付可能である。

正 : The editor vi is window-based and **(it) can have** menus attached to it.
エディター vi は、ウィンドウベースで、それにメニュが添付可能である。

(2) 動詞の時制の一致 Tense

誤：We **have improved** our scheduling algorithms, and **invited** customers to a demonstration.

正：We **have improved** our scheduling algorithms, and **have invited** customers to a demonstration.

私達はスケジューリング・アルゴリズムを改良して来ており、お客様を実演に招いております。

正：We **improved** our scheduling algorithms and **held** a demonstration for invited customers.

私達はスケジューリング・アルゴリズムを改良して、お客様を招く実演を行った。（矛盾しない時制は、正しい表現である。）

(3) 能動態と受動態の混在不可 Voice

誤：We requested funding for the LCD project, **were granted** it, and **formed** a team.

正：We requested funding for the LCD project, **received** it, and **formed** a team.

私達は液晶ディスプレイのプロジェクトのための資金提供を要望し、(それを)得て、チームを結成した。

3.6.3 首尾一貫した列挙 Consistent Lists

誤： The system has four steps:

1. To analyze the sentence	（不定詞）
2. Tree transformation	（名詞）
3. Conversion of the tree	（形容詞句）
4. Translating	（動名詞）

正： The system has four steps: （システムには4つの手順がある。）

1. Sentence analysis	（1．文の解析）
2. Tree transformation	（2．ツリー変形）
3. Tree conversion	（3．ツリー転換）
4. Translation	（4．変換）

3.6.4 対応した語句 Parallel Phases

誤 : I would like to thank Prof. Onoda **for his** encouragement, and **for providing** many valuable suggestions.

正 : I would like to thank Prof. Onoda **for his** encouragement, and **for his** many valuable suggestions.

私は小野田教授の激励と彼の多くの有益な提言に対し感謝したい。

3.6.5 前置詞 Prepositions

誤 : by car or foot

正 : by car or **on** foot

誤 : I was responsible for research and development of a robot vision system.

正 : I was responsible for research **on** and development of a robot vision system.

正 : I was responsible for **researching** and **developing** a robot vision system.

私はロボット視覚システムの研究開発に責任があった。

3.6.6 冠詞 Articles

誤 : The character set consists of the Roman alphabet and group of mathematical symbols.

正 : The character set consists of the Roman alphabet and **a** group of mathematical symbols.

コンピューターの文字コード系は、ローマ文字および一群の数学記号を構成している。

第4章 役立つ英語表現 Useful English Expressions

4.1 準拠する Conform to

Parts shall be produced to **conform to** ABC Engineering Specification P/N 1234567.

部品は ABC 社の P/N 1234567 技術仕様書に**準拠**して製作すること。

[説明]

・conform to、compliance with、in accordance with、as specified in、see、per などの表現が良く使われる。refer to（～を参照する）は避ける。
技術仕様書・図面は技術指示であり、「参照する」は不適切。「準拠させる」ことが必要。

・RoHS 規則では、RoHS compliant, must conform to RoHS, compliance with RoHS directive などの表示方法を指示している。

・社内規格・技術仕様書で自社名の「ABC 社」を一般に落としやすく注意！

・規格・標準書・技術仕様書などの指示では、助動詞は SHALL が適切。

4.2 参照する See

図・表・写真などを「参照する」ことはあるが、規格・技術仕様書などを refer (参照する)とは言わない。これは上記の「準拠する」表現にする。

・**See** section M-M for location of P/N 1234567 Form under formed groove.
成形された溝への部品番号 1234567 フォームの取付け位置は、断面 M-M を**参照**のこと。

・For next higher assy, **see** dwg 2345678.
上位の組立ては、図面 2345678 を**参照**のこと。

・**See** sheet 13 for actual positions of connectors.
コネクターの実際の位置は、13 枚目の図面を**参照**のこと。

・**See** serpent contact to header interconnection chart on sheet 4 zone J-3 for circuit board wiring information.
回路基板の配線情報に関しては、図面の 4 枚目、区域 J-3 にあるサーペント端子をヘッダーに接続する連結表を**参照のこと**。
＊see、consult、refer to、be addressed under などあるが、図面・技術仕様書では“see” が多く使われている。

4.3 示した通り as shown

・Mark “J” **as shown** on page 5.
5 ページに**示した通り** “J” と記すこと。
・Mark “J” **as shown** in fig 2 on page 5.
5 ページの図2に**示した通り** “J” と記すこと。

4.4 特に指定のない限り unless otherwise specified

・Mounting dimensional tolerances must be ± 0.5 mm **unless otherwise specified**.
組付け寸法公差は、**特に指定のない限り**±0.5mm のこと。

[説明]
「特に指定のない限り」は定形文であり、下記が ASME(米国規格)、企業などで多く使われている。
・unless otherwise specified: 特に指定のない限り。(最も良く使われ, **略語 UOS** として使われる。)
・unless noted: 注記がなければ
・unless stated otherwise: 他に注記がなければ
・unless otherwise described: 特に記載のない限り

4.5「最大・最小」の表現 Phrases for Max / Min

1) 図面や技術表現で多く使われる表現

～max（最大～）、～min（最小～）ですっきり表現。
必要により最大値・最小値、公差を示す。

・The housing may be up to nn% **max** glass filled.
ハウジングのグラスファイバーは**最大** nn%まで盛り込まれてもよい。

・Noted draft may have 5° **max** draft.
注記した面は、**最大 5°** の抜き勾配があってもよい。

・All edges to be broken by a 0.2 mm min to 1 mm **max** radius or chamfer.
すべての稜は最小 0.2mm、最大 1mm の丸みまたは面取りをすること。
＊radius は radii の複数形。

2) 図表などでの表現

SIZE OF BASIC DIMENSIONS	TOLERANCE GRADE			
	SIMBOL AND DISTRIBUTION			
	f FINE	m MEDIUM	c COARSE	v VERY CORSE
0.5 UP TO 3	± 0.2		± 0.4	
OVER 3 UP TO 8	± 0.5		± 1	
OVER 8	± 1		± 2	

基準寸法の区分	公差等級			
	記号・説明			
	f 精級	m 中級	c 粗級	v 極粗級
0.5 以上 3 まで	± 0.2		± 0.4	
3 以上 8 まで	± 0.5		± 1	
8 以上	± 1		± 2	

3) 技術文書・図面では避ける表現

more than	～を超える
more than or equal to ～	～以上
～ or more	～以上
～ or less	～以下
less than or equal to ～	～以下
less than ～	～未満

ただし、必要により寸法公差で表示する。 例：1 ± 0.5 mm

4.6 位置の表現　Position Expressions

behind（後ろに）、rear
there、that、over there（向う、あれ、向こうに（会話））
back side（裏側）
far side（向こう側）

left side（左側）
one side（ある側面）
this side（こちら側）

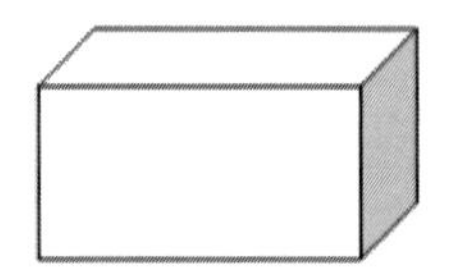

right side（右側）
the opposite side（反対側）
the other side（他方側）

near side（こちら側）　adjacent（隣側）
front side（手前側）
here、this（こちら、これ、こちらへ（会話））
in front of（～の前に、behind の反対語）

例:

・Pierce and extrude from the **near side** to N.N mm min material thickness.
　こちら側から穴開けし押し出し成型をして、最小 N.N mm の厚さにすること。

・Stamp from **near side**.
　刻印は**こちら側**にすること。

・Manufacturing option to reduce sink on **front face**.
　製造上必要ならば、**前面の**ひけを防ぐために肉抜きをしてもよい。

・Ejector pin marks and vendor identification marks are permissible on this surface **far side**.
　押出しピン跡および製造者記号は、この面の**裏側**にあっても良い。

・Dimensional tolerance must not vary more than 0.1 mm between **adjacent** cutouts.
　隣合せの切込み間での寸法公差は 0.1mm以上変化してはならない。

・**the far end**: 一番向こう側、 **the front (end)**: 一番手前

・Take the second from **right** end.
　右から2番目のものを取ってください。

・Be careful not to make mistake the **reverse side** for the front.
　表と裏を間違えないようにしなさい。

・**Adjoining** colors must butt with a maximum overlap of nnn mm.
　隣接する色の重なりは NNN mm 以下であること。

・Put your seal **next to** your name.
　あなたの名前の**横に**(隣に)ハンコを押してください。

・A plane mirror reflects an identical image with its side reversed.
　平面鏡の左右が反対の同じ像を映す。

・turn it over: ひっくり返す
turn it inside out : 表裏にする
turn it upside down: 逆さにする

4.7 突出し位置 Protrusion Expressions

PROTRUDE（突出し） FLUSH（平滑、つらいち） RECESSED（凹み）

- Ejection pins to be **flush** or **recessed** 0.8mm max.
  押出しピンは**平滑**にするか、最大 0.8mm以内の**へこみ面**とする。
- Gate may **protrude** 0.8 mm from noted surface.
  湯口は注記した面から 0.8mm**突き出して**もよい。
- Part number to be indicated on surface using 2.5 mm high Arabic characters. Characters to be **recessed** 0.07 mm to 0.15 mm or raised on recessed area with tops of numerals below surface.
  部品番号は指定面上に、2.5mm 高さのアラビア文字を使用のこと。文字は 0.07 mm から 0.15mm の**深さで彫り込む**こと。さもなければ、数字の上部が部品の表面より低くなるように、凹みの区域で盛り上げる。
- Designations shall be 3.2 mm min character height, **raised or depressed** and located approximately as shown or may be permanently marked.
  表示名は、示されたおおよその位置に最小 3.2mm の文字高さで**盛り上げるか、または彫り込む**こと。さもなければ不滅印字を付けること。
- Letters shall be x.x mm character height, **raised or depressed** and centered as shown.
  文字は示したように中央に、文字高さ x.x mm で**盛り上げるか、凹んだ文字**にすること。

4.8 寸法表示　Dimensions Expressions

製品により、幅・奥行・高さの表示が異なるので、図で幅・長さ・高さ・奥行を定義したほうが誤解はない。長さは基準寸法から多様な寸法の製品にする方向に使われることが多い。

〈概念＞

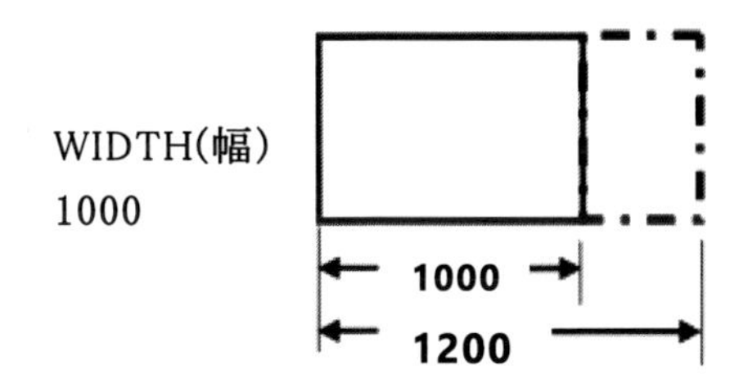

Length（長さ、変化させる寸法）　　例：ISO 基準　国際パレット寸法

4.8.1 製品仕様　Product Description

一般製品の形状表現

4.8.2 箱仕様　Box Description

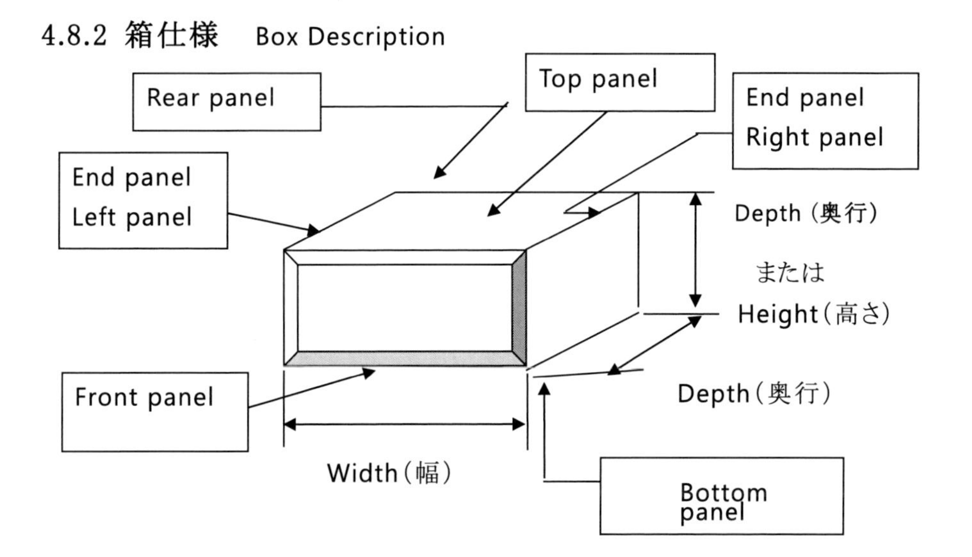

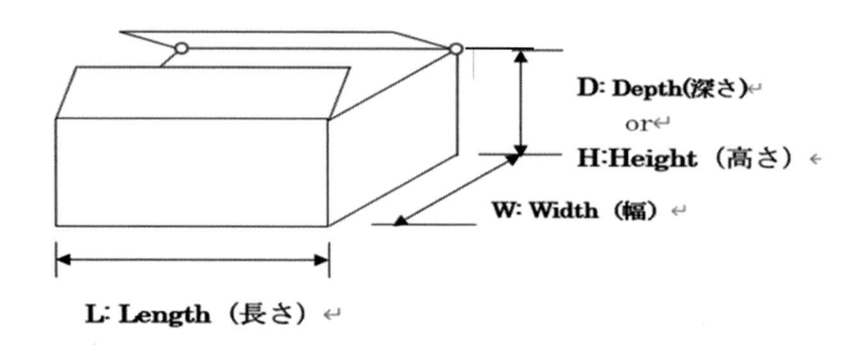

4.8.3 パレット仕様　Pallet Description

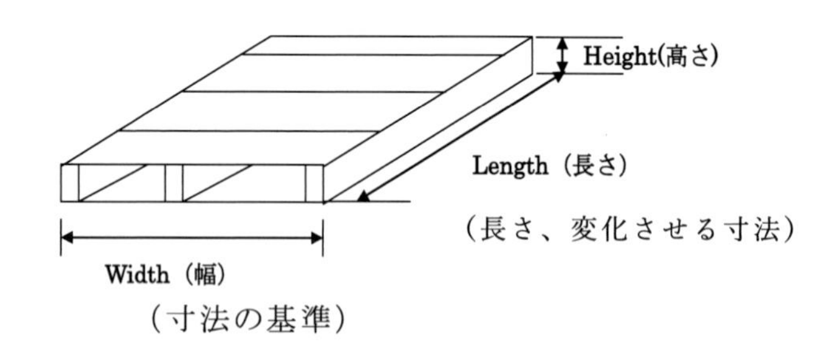

4.9 寸法の表現　Representations of Dimensions

間隔・距離・文字高さ・位置の英語表現

4.9.1 間隔　Spacing

・You have only to set up posts **at intervals** of 1.8 meters.
　1.8m の**間隔**で柱をたてさえすればよい。

・3 cable ties **spaced equally**.
　等間隔に 3 本のケーブル結束部を設ける。

・Number of cable ties **equally spaced** between dimension.
　寸法数字で指定した間に**等間隔に**ケーブル結束部を設ける。

4.9.2 距離　Distance

・Route blower sense leads to provide **75 mm min** horizontal play and secure cable tie, item 11, around all sense leads.

最小 75mm の水平方向の遊びをもたせて、ブロワーセンス線を這わすこと。すべてのセンスリード線の周りを子部品 11 のケーブルタイで結束すること。

4.9.3 文字高さ　Character Height

・Part number to be indicated on surface using **2.5 mm high** Arabic characters.

部品番号は指定面上に、**2.5mm の高さ**のアラビア文字を使用のこと。

・Designations shall be x.x mm min **character height**, raised or depressed and located approximately as shown or may be permanently marked.

表示名は、示されたおおよその位置に最小 X.X mm の**文字高さ**で盛り上げるか、凹んだ文字にするかさもなければ不滅印字を付けること。

4.9.4　位置　Position

・Characters to be **recessed** 0.07 mm to 0.15 mm or raised on recessed area with tops of numerals below surface.

文字は 0.07mm から 0.15mm の高さ寸法の**へこみ**であること。さもなければへこみの区域で突起（凸）させて、数字の上部が部品の表面より低くさせること。

・Stake lens (P/N xxxxx) to cover. Part to be **flush** within ± 0.2 mm and must be free of rattles after assembly.

レンズ（部品番号 XXXXX）をカバーに熱かしめする。部品は±0.2 mm 内の**同一面（つらいち）**であり、組立後はガタガタしないこと。

4.10 回転の表現 Representations of Rotation

4.10.1 角度の読み方 Reading angle

・10° 5′ 3″

10 **degrees** 5 **minutes** 3 **seconds**

10度5分3秒

・These latter dimensions are expressed by symbols: **for degrees[°], for minutes[′], and for seconds[″].**

これらの後半の寸法は記号で表せられ、**度は「°」、分は「′」、秒は「″」**である。

＊minute は、ラテン語の minutus（極めて小さなもの）、second はラテン語の「secunda」から派生しており、60 進法に基づいています。

4.10.2 回転の表現 Expressions of Rotations

「回転」に関する英語表現が良く使われます。これも見れば分かる気がしますが、いざ使うとなると出てこない英語表現である。

CCW: Counter-clockwise 反時計回り

CW: Clockwise 時計回り

Left rotation: 左回転

Right rotation: 右回転

・Section a-a rotated 90°**ccw**.

断面 a-a **反時計回り**に 90 度回転。

・Rotation **orientation** of insert unimportant.

インサートの回転方向の**向き**は重要でない。

・Turning the knob to the **left** on the water.

そのつまみを**左に回す**と水が出る。

・**Turning** the switch will ring the bell.

そのスイッチを**ひねる**とベルが鳴る。

・A Phillips screwdriver is needed to **remove** this screw.
このねじを**外す**にはプラスのねじ回しが必要だ。

・Pieces of iron flew **in all directions**.
鉄片が**四方八方**に飛び散った。

・Must **pivot** freely.
自由に**回転**(軸を中心にして)**する**こと。

・The number of **revolutions** depends on the type of generator.
発電機の**回転数**は機種によって違う。

・Revolution per second: 1秒当り回転数
Revolution per minute: 1分当り回転数

4.10.3 角度の表現 Expression of Angle

・The **angle** of a course sector shall be 6 degrees or less.
コースセクター**角度**は、6 度以下のこと。

・It is at 90° basic to both **datum** A and B.
基準面 A と B に対し基準 90°のこと。

・No **angular relation** between xxx and yyy.
XXX と YYY 間に**角度関係**はない。

・Angular dimensions are expressed in either degrees and decimal parts of a degree or in degrees, minutes, and seconds.
角度寸法は度および度の小数または**分、秒の角度**で表す。

4.11 整列の表現 Alignment Expressions

向きを定める、整える、整列させる、一直線に揃える、整える、仕上げる、きちんとする、(一直線に)並べるなどの英語表現がある。

4.11.1 向きを定める、整える Orientation

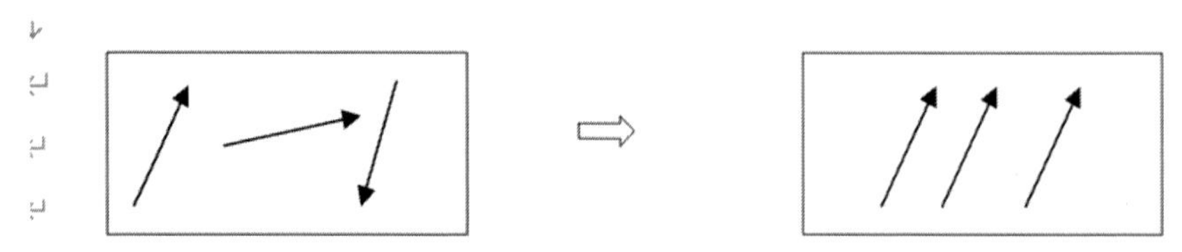

・This view **orient**s hole array on the die.
　この図がその金型の穴の**配列**を決める。

・**Orient** ground jumper per view D.
　図Dに従い、アース線の**向きを合せる**こと。

＊Orientation：オリエンテーション（新入生・新人社員教育：企業方針に沿うように方向付けの説明会。 方向付け。）
　Orientation：オリエンテーション(方向性・幾何学的配置および整磁：磁気製品では、N 極・S 極を同一方向に並べて使用します。この同一方向に並べること。）

4.11.2 整列させる、一直線に揃える Align, Line

・Dimension lines shall be **aligned** if practicable and grouped for uniform appearance.
　実行できる限り、寸法線は**整列させて**統一された形にまとめること。

・Wheel Alignment: ホイールアライメント
車両のタイヤやホイールを正しい位置に調整する作業。
toe in angle ：トー角（車輪が内向きになる）、camber angle: キャンバー角（車両を正面から見ての傾き）、caster angle: キャスター角（車両を真横から見ての傾き、これにて前進しやすい。椅子の脚にも応用されている。）

4.11.3 整える、仕上げる、きちんとする Dress

・**Dress** all excess wires behind tailgate.
テールゲート裏の余分な線はすべてきちんと**整える**こと。

＊tailgate：セキュリティゲートで後ろに追従して共に通り抜けること。
ドアに Don't tailgate!! と警告表示がある。
ぴったり他の車の後ろについて走る「あおり運転」の意味もある。

・Cables to be **dressed** straight with no bulge touching a blower.
ブロアーに接触しないようにケーブルを膨らませず、真っ直ぐに**整えること**。

4.11.4 並べる（一直線に） Line

・A street **lined** with trees.
A tree lined street.
道は木が**並んでいる**。並木道です。

・People **lined up** the front of the shop.
お店の前に長蛇の**列ができました**。

4.12 図表の表現 Graph Expressions

4.12.1 図表の用語 Terms of Graph Expressions

＜種類＞

円グラフ : pie chart、折線グラフ : line chart、棒グラフ : bar chart、面グラフ : area chart、帯グラフ : bar chart、ヒストグラム : histogram、バブルチャート・風船図 : bubble chart、レーダーチャート : radar chart、散布図 : scatter diagram, scatter graph、等高線グラフ : contour chart、分割ドーナツグラフ : doughnut chart、ベン図 : Venn diagram、表 : table, chart、図 : figure, chart、写真 : picture、資料 : data

＜QC 七つ道具＞

製造部門で品質改善活動を行うとき、データを分析する「7個の道具」を「QC 七つ道具」と呼ぶ。

1 パレート図　Pareto Diagram/ Pareto Chart
2 特性要因図　Cause and Effect Diagram/ Fishbone Chart
3 グラフ（管理図を含む）　Graph and Control Chart
4 チェックシート　Check Sheet
5 ヒストグラム　Histogram
6 散布図　Scatter Diagram/ Scatter Graph
7 散布図（相関係数）Scatter Diagram/ Scatter Graph（Correlation Coefficient）
8 層別解析　Stratified Analysis

＊ Diagram は、統計データなどの「図表」、構造などを説明する「略図」に使われ、Chart は図・表・グラフ・図表などと広く使われている。
Diagram と Chart はほぼ同様に使われるが、「QC 七つ道具」では Diagram の方が適合している。

＊QC 七つ道具以外にもデータ分析に使用する例として：
マトリックス図（Matrix Diagram）・系統図（Systematic Diagram）、連関図（Relational Diagram）・PDPC 法（Process Decision Program Chart）などがある。

＜名称＞

縦軸 : vertical axis、横軸 : horizontal axis
実線 : continuous line [ISO]、 solid line、点線 : dotted line、
破線 : broken line、1点鎖線 : long dashed dotted line (ISO)
2点鎖線 : long dashed double dotted line (ISO)
割合 : rate、平均 : average、分布 : distribution
網掛けの部分（一般）: tined area、斜線の部分（縞模様の部分）: striped area、表の上部 : at the top of the table、表の中央部 : in the middle of the table、表の下部 : at the bottom of the table、凡例 : legend

4.12.1　図表の説明　Graph Expressions

・This line chart **shows** the trend in the market share of our company.
　この折線グラフは、我が社のマーケットシェアの推移を**表しています**。
・The vertical line **shows** sales volume and the horizontal one sales days.
　縦軸は販売数を、横軸は販売日数を**表しています**。
・This graph **shows** the steady rise of our market share since the 1980s.
　このグラフは、1980年代以降、我々のマーケットシェアが確実に伸びていることを**示しています**。
・The yellow portion **represents** the positive response from our customers.
　黄色い部分は、お客様からの肯定的な答えを**表しています**。
　＊show:　表す
　represent:　表す（意見や考えを表す。あるグループの見識や意見を代表して表す。）
・The statistics **indicate** that our living standards has risen.
　この統計は、我々の生活水準が向上したことを**示しています**。
＊indicate は、show より明確さを欠ける表現。
・Our product **occupies** 30% of Japanese market.
　我々の製品は、日本の市場の 30%を**占めています**。
・We **expect** the demand to increase 30% annually over the next few years.
　今後数年に渡って、需要が年 30%の割合で増加することが**見込まれます**。

4.13 評価の表現 Rating Expressions

4.13.1 4段階評価 4-point scale

・Excellent ＞ Good ＞ Average ＞ Bad
優 ＞ 良 ＞ 可 ＞ 不可

4.13.2 5段階評価 5-point scale

・Excellent ＞ Very Good ＞ Good ＞ Fair ＞ Poor
優 ＞ 良 ＞ 並 ＞ 可 ＞ 不可
＊もっとも良く使われる表現

・Excellent ＞ Good ＞ Fair ＞ Poor ＞ None
優 ＞ 良 ＞ 並 ＞ 不可 ＞ 非該当

・Superior ＞ Very Good ＞ Average＞ Below average ＞ NA (not applicable)
優 ＞ 良 ＞ 並 ＞ 並以下 ＞ 非適用

・Strongly agree ＞ Agree ＞ Neither agree nor disagree ＞Disagree ＞ Strongly disagree
強く同意 ＞ 同意 ＞ 同意でも非同意でもない ＞ 非同意 ＞ 強く非同意

＊大学や職場などでよく使われる。
もしくは Neither agree nor disagree の代わりに slightly agree もしくは Neutral

・Grade A,B,C,D,E

＊5段階評価の名称 Name of 5-point scale
5-point scale、scale of one to five、five-grade evaluation、five-star scale

4.13.3　その他の評価　Other Rating System

・4 段階評価（成功・感動・味などの度合い）

Awesome ＞ Amazing ＞ Great ＞ Good

凄い ＞ 素晴らしい ＞ とても良い ＞良い

・SRS (Star Rating System) 星評価（格付け＋制度）

・The hotel has a one-star rating.

そのホテルは、一つ星の格付けされている。

＊one の代わりに、two, three, four, five・・・または 1, 2, 3, 4,5・・・。

・TRL (Technical Readiness Levels)

技術成熟度レベル、技術開発水準/技術成熟度評価

NASA による TRL の定義は、LEVEL 1（基礎的研究）～LEVEL 9 （商業化）

・MRL (Manufacturing Readiness Level)　製造技術成熟度

米国国防総省の評価基準 9 段階

4.13.4　評価の例文　Useful English Expressions

・Be reevaluated at ____ -month intervals

～か月ごとに再評価される

・Engineering Verification Test (EVT)　技術評価試験

Manufacturing Verification Test (MVT)　製造評価試験

Peer Review　査読・相互評価（専門家同士の）

・Grading papers always give me a headache.

論文の成績を付けるのは、いつも頭痛の種です。

・You got a grade A ?　Good Job!

あなたは評価 A を獲ったの？　良くやった！

・She cooks it in a conventional oven.

彼女は昔ながらのオーブンで調理する。

＊conventional: 型にはまった、独創性のない）

・I am determined to get first place.

一等を取ることを固く決意します。

・Evaluate yourself on a scale from one to ten.

1 から 10 まで（10 段階で）自分で評価してみなさい。

4.13.4 評価する用語 Terms of Rating Expressions

- ・assess （人・物などの重要性を評価する、査定する）
- ・valuate （金銭的に評価する、見積もる）
- ・assess （課税のために資産を評価する、査定する）
- ・evaluate （品質や価値を評価・審査する）
- ・estimate （程度や数量などを大まかに見積もる、推定する）
- ・measure （～の効果や品質など評価する、査定する）
- ・feedback （利用者などからの評価・反響）
- ・recognize （認証・業績など）
- ・rate （価格を査定する、格付けする）
- ・weight （存在・言葉・意見などの重み・影響力）
- ・screening （不良品の選別・求職者の選別）
- ・appraised （資産・能力を査定する）

4.14 色の指定　Color Specifications

図面での色の指定の例を示す。

4.14.1 色見本　Color Chart

(1) **PMS**　Pantone Matching System (Color Chart)
国際的にもよく活用されている。
・Color: PANTONE 285 Blue
色：パントーン　285　ブルーのこと。

(2) **DIC**　DIC（株）DIC カラーガイド　（旧大日本インキ化学工業（株））
日本で活用されている。
・Lettering to be pearl white printing code DIC xxx.
文字は DIC 色番号　XXXパールホワイトのこと。

(3) マンセル　Munsell Color System
美術・デザイン分野で多く使われているが、マンセル値はズバリこの色という指定方法ではないため、差異が生じてしまう。
よって、色見本を指示するか、日本塗料工業会色票番号を指示した方が明確に伝わる。機械製造では他の色指定の方が利用されている。

(4) 日本塗料工業会色票番号　JPMA Standard Paint Colors
日本塗料工業会　Japan Paint Manufacturers Association 発行の色見本。 下記を参照ください。
http://www.toryo.or.jp/jp/color/color.html

4.14.2 色の略語　Abbreviations Used for Colors

COLOR	日本語	2-PLACE	3-PLACE
CLEAR	クリア色	CL	CLR
BLACK	黒色	BK	BLK
BROWN	褐色	BN	BRN
RED	赤色	RD	RED
ORANGE	橙色	OR	ORN

YELLOW	黄色	YE	YEL
GREEN	緑色	GN	GRN
BLUE	青色	BU	BLU
VIOLET	紫色	VI	VIO
GREY	灰色	GY	GRY
WHITE	白色	WT	WHT
PINK	ピンク/桃色	PK	PNK
TAN	褐色	TN	TAN

＊GREY は英語、GRAY は米語。

4.15 時刻の読み方 Time Format

24 時間制	英米式	日本式1	日本式2
00:00	**12:00am**	午前 **0:00**	午後 12:00
00:01	**12:01am**	午前 **0:01**	午前 12:01
01:00	01:00am	午前 1:00	
11:00	11:00am	午前 11:00	
11:59	11:59am	午前 11:59	
12:00	**12:00pm**	午後 **0:00**	午前 12:00
12:01	**12:01pm**	午後 **0:01**	午後 12:01
13:00	01:00pm	午後 1:00	
23:00	11:00pm	午後 11:00	
23:59	11:59pm	午後 11:59	

英米式	日本式
Morning	朝
日の出～正午	日の出～正午
(午前5時～午後 12 時)	
Afternoon	午後
正午～日没	
(午後 12 時～Evening)	

Evening	夕方～夜
18:00 ～21:00 （日没～寝る時間）	16:00～18:00
Night	日没～日の出
① 日没～日の出 （午後5時～午前5時/6 時）	深夜

② 日没～寝る時間
（午後 10 時～午前 1 時、午後12時～午前3時、午後12時～午前3時/4 時）
＊ライフスタイルや個人の感覚によって微妙に異なる。

4.16　数値を含む語のある修飾語

Modifying Words with Value

数値を含む語が前から修飾する際は、**複数形の-s が落ちる。**

22-year-old　22 歳の
25-meter pool　25メートルプール
Five -year contract　5 年契約
A two-liter bottle of Coke　コカコーラの2リットル瓶

4.17　期間の表現　Time Span Expressions

1) 年代　Date

・We first met in Mexico in **the 1980s**.
私たちが最初に出会ったのが **1980 年代**のメキシコだった。

・It is thought to have been compiled after **the 1120s**.
1120 年代以降の成立である事が推測されている。

2） 10年間　Decade

・You will see a big change obviously in a decade.
　10 年単位で見れば、変化ははっきりする。

・for decades: 何十年もの間
　decade average: 10 年平均
　decade: 10 年、10 年間、10 進
　decade and decade: 10 年ごとに

3）隔年(日)　Every other year/day

・He takes a two-week vacation **every other year**. (two years)
　彼は **1 年おきに** 2 週間の休暇をとる。(2年おきに)

・We check the temperature **every days.**
　私たちは**毎日**(1 日に 1 回)にその温度を検査します。

4.18 形容詞の配列順

Arrangement Sequence of Adjectives

形容詞を重ねて修飾する場合、おおよその順番がある。「近しさ」の順で名詞と本質的な深い関係がある形容詞が名詞の近くに配置される。

主観的(感 想・ 評価) : beautiful < 客観的・知覚的なもの(形・古さ・性質・特長) : small < 新旧 : old < 色 : red <材 料 : steel, copper < 名詞

例 :
huge old building 巨大な古い建物
big old house 大きな古い家

4.19 動詞句的内容を目的にする場合

Selection of Infinitive and Gerund

動詞句的内容を目的にするときに用いられるのは通常 to 不定詞と動名詞(動詞-ing 形)です。動詞により限定もあります。

1） **to 不定詞のみをとる動詞の例**

agree(同意する)、appear(見える)、care(したいと思う)、choose(選択する)、claim(主張する)、desire(望む)、determine(決意する)、expect(期待する)、fail(しそこなう)、guarantee(請け負う)、help(手伝う)、manage(管理する)、offer(申し出る)、plan(計画する)、prepare(準備する)、promise(約束する)、decide(決める)、want(望む)、wish(したいと思う)など。

・She wanted to study in New York.
　彼女はニューヨークで勉強したいと思っていました。

・I promise to be there soon.
　私は直ぐにそこに行くことを約束する。

2） **動名詞(動詞-ing 形)のみをとる動詞の例**

Acknowledge(認める)、admit(認める)、anticipate(予想する)、avoid(避ける)、consider(考える)、dislike(嫌がる)、enjoy(楽しむ)、finish(終える)、imagine(想像する)、keep(し続ける)、mention(述べる)、mind(気にする)、miss(しそこなう)、omit(怠る)、postpone(延期する)、practice(練習する)、quit(やめる)、recommend(勧める)、resume(し始める)、stop(やめる)、suggest(提案する)など。

・I kept working at my company in Tokyo.
　私は東京の会社で働き続けました。

・Stop asking me that.
　その質問は、いい加減にして。/ 何度も同じこと聞かないでよ。

3） 不定詞と動名詞（動詞-ing 形）の両方をとる動詞の例

Attempt（試みる）、begin（始める）、forget（忘れる）、hate（いやである）、like（好きである）、love（好きである）、neglect（怠る）、remember（覚えている）、regret（後悔する）、start（始める）、try（試みる）

＊どっちにするか意味の違いが大きいのもあり注意！！

＊動詞（句）の説明と文修飾

動詞（句）の説明は、場所や時などの文修飾も「前」となります。
場所・時など文の説明は、動詞（句）を含む文全体の後ろに置かれるからです。

The team played <u>brilliantly</u> <u>in the match</u> <u>last week</u>.
どのように　場所　時
そのチームは先週末の試合で素晴らしいプレーをしました。

参考（当節 4.19）：

田中茂範著「表現英文法」 コスモピア株式会社
NHK ラジオ英会話 9月号

4.20 安全注意の表現 Safety Precaution Expressions

日本企業の図面・技術仕様書では、「安全注意」の表記がないことを散見する。

・The manufacturing process or handling of this material may require special health and safety precautions.
製造工程またはこの材料の取扱いにおいて、健康と安全に特別な予防措置をすること。

・The soldering process used on this assembly may include hazardous operations and require special health and/or safety precautions.
この組立に使用するはんだづけ工程は危険な作業を伴うことがある。 健康と安全に特別な予防措置をすること。

[説明]

健康と安全の注意書:
材料および製造加工において健康と安全に影響するものがあれば、そのむね注意を促す注意書をつける。

[参照]

ISO 26000 Guidance on Social Responsibility 社会的責任に関する手引き「消費者の安全衛生の保護」が消費者問題の指導として発行されている。

4.21 文書中で使われる英語表現

Useful Expressions in the Documents

前略: (ビジネスでは無い。)

中略:(SNIP), *SNIP*　　引用で原文の一部を省略したことを示す。

以下省略:THE REST IS OMITTED.　SKIP THE REST.

以下余白:THE REMAINDER OF PAGE IS INTENTIONALLY LEFT BLANK.

このページは空白です:THIS PAGE IS LEFT BLANK INTENTIONALLY.

同様:DITTO

該当なし:NA (NOT APPLICABLE, NOT AVAILABLE)

無・ゼロ:NIL

左記参照:SEE THE LEFT COLUMN.

注意:ATTENTION
警告:CAUTION:
危険:DANGER:

注記:NOTES:

重要事項:IMPORTANT:

参照:REFERENCE (REF)、CONSULTATION (文献など)

参考文献:REFERENCE (REF)、CONSULTATION (文献など)

凡例:LEGEND

第5章　似た英語表現

Synonyms in English, Similar Words

日本語では区別されてない表現でも、英語表現は区別して使われている実例。

5.1 顧客・お客様　Client / Customer

Client: ソフト製品・サービスを受ける顧客。
医者・弁護士・コンサルタント、カウンセラーなどの顧客。

Customer: ハード製品・物品を購入される顧客
電機製品・機械などを購入される顧客。

＊両方を含めての顧客はCustomer。Customer satisfaction 顧客満足（度）

5.2 協力会社　Supplier

Vendor: 下請業者。上から目線の言い方で一般には使われない。
Supplier: 協力会社・供給先。納入業者
Contractor: 契約先
Subcontractor: 下請業者
Manufacturer: メーカー・製造業社

5.3 原価低減　Cost Reduction

Cost Reduction: 原価低減（実質的，利益に直結）
(Cost) Avoidance: 原価低減（回避的、現計画に対しての低減）

＊業務では、上記を区別して報告する。

5.4 承認・認定 Recognition / Certification

Recognition: （権利などの）承認・許可・（政府・国家の）承認・力量を認めること。

Certification: 認証・証明・認定・証明書・認定書・検定・保証・証明書下付・賞状授与　参考：モンブラン登頂記念証など。

5.5 代替部品 Substitute part / Alternate part

Substitute part： 代替部品
（設計した時から代替品として認めたもの）

Alternate part： 代用部品
（代替部品、製造上での依頼に基づく代替認定品）

5.6 警告ラベル（ISO 規格） Warning label

Attention label（注意ラベル）：
特別な指示をするときに使われるラベルで、白地に青色で印刷されることが多い。 ラベルを使用しないで直接印刷しても差し支えない場合も多い。

Caution label（警告ラベル）：
軽度の危険を促すときに使用されるラベルで赤地に白色で印刷されることが多い。 ラベルにより十分な注意を促す。

Danger label（危険ラベル）：
人への重大な危険または死に至るような危険に対する警告ラベルで、黄色地に黒色で印刷されることが多い。

＜参考＞

リスク総合研究所監修、日本規格協会「ANSI 製品取扱説明書作成ガイドと安全標識・警告ラベル」

5.7 問題点 Concern/ Issue

Concern: **懸念事項、軽い問題点**、社内的な未解決の問題点。
Man(人)、Material(材料)、Method(製造方法)などによる社内解決がされるべき問題点。

Issue: **重要な問題、重大な問題点**、対外的な未解決の問題点。
currency(円 対 $)・海外法律規制・輸出規制・海外諸事情など。

・This is an **issue** of importance.
これは重要な**問題**だ。
・This is an **issue** of extreme importance.
これは極度の重要性がある**問題**だ。
・This is an issue of some importance.
これはいくぶん重要な**問題**だ。
・This is an **issue** of little importance.
これはほとんど重要でない**問題**だ。
・This is an **issue** of no importance.
これはまったく重要でない**問題**だ。

5.8 研究者・技術者 Researcher/ Engineer/ Technician

＜職務別＞

企業などでの英語名称によく見かける。

Researcher: 研究者 (Engineer では失礼)
基礎研究所(Research Laboratory)などで研究している人。

Engineer: 技術者・技師
(応用)研究所(Laboratory、Development Lab、Application Lab、 R&D: Research and Development、R&A : Research and Application とも言う)。
工場技術部門の設計・技術の担当技術者。

Technician: 技能者・テクニシャン・工業系専門家
工場(Factory、Shop、Plant、Mfg Plant)などで図面・技術仕様書などに基づき技術的な業務を担当する。研究所の検査・実験の助手など。

＜資格別＞

英語圏を中心として、技術に携わる専門職業人を3つに分けることが多い。

Engineer: 知識の応用と構想力を中核能力とするエンジニア。
（工学系の学士課程 修了者）

Technologist: テクノロジスト
エンジニアとテクニシャンの中間的性格を持つ。
（工業高等専門学校 修了者）

Engineering Technician: エンジニアテクニシャン
技能を中核能力とする。（技能訓練学校 修了者）

5.9 教える Teach/ Lecture/ Instruct

Teach: いわゆる授業という形で指導することを teach。先生は teacher。

Lecture: Lecture は何か特定の課題について話す、講義する場合に使う。授業の中で特別講師を招くとき、講師は lecturer と言う。

Instruct: instruct はある技能・スキルについて指導することを言う。swimming instructor（水泳指導員）、driving instructor（自動車学校の教官）などが代表例。

5.10 影響する Affect/ Effect

Affect: 作用・影響を「及ぼす」の主に動詞として使われている。
「感情に影響する」とか「結果に～の作用をもたらす」「影響(作用)される」などのどちらかといえば、マイナス要素が入る。

The problem **affects** ABC business management.
その問題はABC社の企業経営に**影響を与える**。

Effect: 影響や作用などの結果。(原因に対する)結果・影響など。

The idea **effects** a great improvement.
そのアイデアは大幅な改善を**もたらす**。

5.11 休暇・休日 Vacation/ Holiday

Vacation: 自分で休暇がとれる休暇。

Holiday: 法律や慣習・宗教的な祝祭日・学校の夏休み・冬休みなど。

Day off: (平日にとる) 休日
3連休 : three days off in a row
three consecutive days off
three straight days off

5.12 日付の表現 Dates Format

米国: 月・日・年/ 年・月・日 例: 02/04/2025, 2025/02/04
欧州: 日・月・年/ 年・日・月 04/02/2025, 2025/04/02

お勧め: 月名・日・年/ 年・月名・日 Feb/04/2025, 2025/Feb/04
(2025年2月4日) 04/Feb/2025

5.13 ばり　Flash, Burr

Flash：成型・鍛造・鋳造によるばり
Burr: 切断によるばり
Edge overcoating, Paint build-up along the edges: 塗装ばり
Edge build-up, Plating buildup on edges: めっきばり

・0.025 mm max **burr** allowed on edges of part.
部品の稜での**ばり**は、最大 0.25mm のこと。
・Holes should not be **deburred**.
穴の**ばりを取っては**ならない。
・0.025 mm max **flash** permissible on parting line.
型割線の**ばり**は、最大 0.25mm のこと。

5.14 薄板　Sheet

Plate: 厚板　　厚さ 6mm 以上
Sheet: 薄板　　厚さ 0.25mm 以上
Film: 薄膜　　厚さ 0.25mm 以下
Foil: 箔　　厚さ 0.15mm 以下　（台所アルミフォイル）

5.15 含む　Contain

Include: 含める、盛り込む（いくつかの項目の一つを）
Contain: 含む、収容できる （中に入っている）
Involve: ～を含む、取り込む、巻き込む、参加させる
例：Mfg Early Involvement、Early Mfg Involvement　早期製造参画

・This tea **contains** caffeine.
この紅茶は、カフェインを**含んでいる**。
・**Include** a photo.
写真を**含める**。
・I **involve** in the project.
私はプロジェクトに参加する。

第6章　技術文書の作成

How to Write a Technical Paper

ここで取り上げる技術文書とは開発・製造技術で作成される文書である。

技術文書を作成するには、
①既に標準化された規格・規定がある。
②実務で作成された良いサンプル文書がある。
③英語技術表現は、基本的な文法がある。
④編集・校正の技術が必要である。
この４点が必要である。

原則に戻り「なぜ文書化するのか」「作成した文書を社内標準化するにとどまらず世界標準化にするにはどうしたらよいか」などを順序立てて考慮する必要がある。

6.1 なぜ文書化するのか　How do you start?

はじめに、文書作成する前の準備とポイントを整理する。

(1) なぜ文書にするのか　Why are you writing ?

目的を明確にする。
新しい理論の開発、新しい方法や改善方法、現在の理論に対する実務的適用・問題解決・機械や新システムの設計紹介・標準化の設定など。
その魅力は、理論？　実務適用？　先進性？　標準化？　記録？
あくまで文書の内容は、成果を意図した詳細で具体的な記述でなければならない。

(2) 誰に対して書くのか　Who are you writing for ?

対象者を明確にする。
言語、読む人の技術レベルと職業：専門家・学会員・技術者・社内従業員・一般社会人・年齢層・顧客・管理者・従業員などを明確にする。または内部・外部への書籍出版の対象にするのか。知識・能力・関心を明確にする。

(3) 何について書くか What are you writing about?

上記（1）と（2）まとめると**6Ｗ2Ｈが基本となる。**

6Ｗ2Ｈの基本：（When（いつまでに作るのか）、Where(どこで作るのか)、Who（誰が作るのか）、Whom(誰に対して作るのか)、What(何を伝えるのか)、Why（何のために作るのか）、How(どのようにして作るのか)、How much(いくらで作成するか)。

How と Why は特に重要で、これらは具体的・論理的な記述に役立つ。
What(何を伝えるのか)は、報告書などでは、受け取った相手に「何をして貰いたいか」を述べる。許可してもらう、判断してもらう、意見をもらう、いつまでに何をしてもらいたいかなども加える。
状況説明では、良いことばかりでなく問題点をしっかりと明示する。

特に、日本の報告書では、現状分析は徹底的にされているが、要因分析・予想・問題の本質を追求していることが少なく、すなわち示唆に欠けているようである。

技術文書の読み手の考えることは、「その適用可能性があるかどうか」であることを忘れない。 そのためには、前述6Ｗ2Ｈを読者の立場から見直す必要がある。6Ｗ2Ｈの基本を「作るのか」を「読むのか」に置き換えるとさらに分かりやすい。

(4) 記述の順序 Descriptive Sequence

何をどの順番で書くかは、規格・規定で基本が示されている。後述の各実例と共に参考にして欲しい。
基本的には、論理的順序・時系列的順序および手順的順序がある。

日本人の不得意なのは**「論理的順序」**である。
これまで「起承転結」が身に染みており、**「結論」を最後にしてしまう。**
外国人・外資系や一流企業の多くの人は、最初に結論を述べている。
これは記述のみならず、口述説明にも役立つ。
「実例」が乏しいと「本当？」と思われる。最後の「まとめ・結論」が不明確だと、「だからどうなの？」、「何を言いたいの？」と思われる。

参照：1.2.1論理的順序

6.2 英文技術文書の作成ポイント　Tips on how to write

はじめに、文書作成するポイントを整理する。

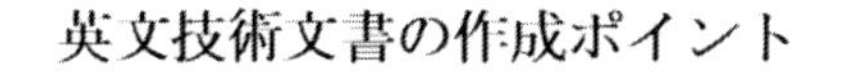

(図 1.1-2)

なぜ文書化に？
- 目的を明確に
- 対象者は
- 6W2Hでまとめる

社内標準を世界標準に

記述の順序
- 論理的な記述
- 結論・理由・実例・まとめ
- 結論を先に（起承転結？）

ライフサイクル

- 着手
- 作成
- 確立
- 使用
- 改訂
- 廃止
- 削除

文書の校正・確認
- 読者の配慮
- 正しい文章
- 読みやすいか

文書作成の規格
- ISO, ASME, IEC, IEEE
- 技術文書マネジメント
- 情報セキュリティ管理

役立つ英語表現
- 海外実務例文
- 用語の使い分け
- 誤りの表現

文書作成の標準
- 製造物責任法(PL 法)
- 業界標準・規定

技術の英文法
- 前置詞 SHALL, MUST, SHOULD
- 冠詞・句読法・限定性・対句法、基本は３Ｃ

編集の要領
- 文章スタイル

6.3 文書化の関連規格と関連法

Scope of standards for technical writing

品質マネジメント
ISO 9001
(JIS Q 9001)

環境マネジメント
ISO 14001
(JIS Q 14001)

技術文書マネジメント
IEC 82045-1
(JIS Z 8245-1)

文書作成・マネジメント

情報セキュリティ
マネジメント
ISO/IEC 27001
(JIS Q 27001)

EU 一般データ保護規則
(GDPR)

製造物責任法

技術文書の分類および指定
IEC 61355
(JIS C 0451)

知的所有権
・著作権
・工業所有権

技術情報および文書の構造化
IEC 62023
(JIS C 0454)

ASME Y14.1M (書式)
ASME Y14.2 (線・文字)
ASME Y14.5 (寸法・公差)
ASME Y14.38 (略語・他)
(ISO・JIS もあり)

図 1.2-1　文書作成・マネジメントの規格と関連法

6.4 製造技術文書一覧 List of Mfg Documents

＜実施業務＞	＜担当部門＞	＜技術文書＞
基礎的な研究・開発 RESEARCH & DEVELOPMENT	基礎研究所 RESEACH LAB	研究計画書 学術論文
製品化の開発・設計 DEVELOPMENT & DESIGN	応用研究所 DEVELOPMENT LAB	開発企画書 デザインガイド 技術資料 BM・図面・技術仕様書・技術変更書 説明書・配線図・論理回路図
試作		
技術評価試験 ENGINEERING VERIFICATION TEST	品質保証	品質保証計画書 評価試験報告書
量産試作		
製造評価試験 MANUFACTURING VERIFICATION TEST	工場技術 製品技術 生産技術 試験技術 物流技術	製造計画書 技術指示書 作業指示書 ソーシング MPR
生産準備 PREPARATION FOR PRODUCTION	環境技術 施設技術 品質管理	
製造 MANUFACTURING	製造 品質管理 生産管理 購買・資材管理	QC 七つ道具 検査記録 生産計画書 見積書・注文書
包装・出荷・輸送 PACKAGING & LOGISTICS	物流	出荷管理記録

6.4 編集の要領 Editing Expertise

団体・企業ごとに制作ツール・編集要領が定められている場合は、その基準に準じて制作する。

6.4.1 編集の設定 Editorial Skill

読みやすさ、保管管理の問題を含めて標準化が望まれる。

1）表題・文書名 Title

表題・文書名は汎用的な表現よりも、具体的にどのような内容なのかを示唆する文書名にする。これにより読み手は興味も涌くので、十二分に検討する。20 文字以内がお奨めである。

2）使用言語と基本言語 Working Language and Official Language

基本言語以外の翻訳での責任範囲と、問題が発生した際に解決するための裁判所の指定をする。

3）用紙 Sheet Sizes

用紙の大きさ（A4、A3 など）の選定。印刷向きの選定（縦置きか横置き）。

4）ページのレイアウト Layout on Page

・(欄外）余白：上、下、左、右の大きさ
・とじ代：とじ代、左か右
・１ページ当たり：文字数、字送り、行数、行送り
・ページ表示：ページの位置（上・下・中央・端)、文字の大きさ

5）文字の大きさとフォント Characters

タイトル、文書記録（発行日・文書番号・発行者など)、章・節・項、参照、引用文献などの文章の大きさを決める。標準フォントは１０~１２ポイント。

6）文と段落　Sentence and Paragraphs

章・節・項・目での箇条書き、段落、アウトラインの設定。
高度な技術文書では、基本的に1文は20字以下で表す。1段落を12行以下にすると読みやすいと言われている。

7）文章スタイル　Style

日本語でも「・・・である。」「・・・です。」「・・・ます。」などの文書表現があるように、一定の表現スタイルにすることで読みやすくなる。著作などは「である。」に統一することが多い。

8）能動態と受動態　Active Sentence and Passive Form

技術文書において、従来は受動態を使って書かれることが通例となっていたが、最近では能動態を使って書くことも増えている。
能動態では、主語と動詞が近くにあり理解しやすい点がある。

9）専門用語の統一　Standardization of Technical Terminology

英語表記は、米国規格ASMEおよび技術英語としている単語・用語を基本に使用することを勧める。用語の一貫性がないと読み手は混乱する。
ただし、読み手のレベルを考えて書くことが技術文書では重要。
自前の辞書を作成して、標準化・統一をする。

10）図表　Graphics

図（Figure）・表（Table）・チャート（Chart）・グラフ（Graph）・挿し絵（Illustration）・図形（Diagram）・図面（Drawing）・略図（Schematic）が使われる。　投影図（Projection Drawing）では、等角投影図（Isometric Drawing）が多く使われている。

理解を速めるので技術文書には欠かせない。本文と明確に関連をもっているか、一致していなければならない。**図・表には番号と表題とを付ける。**

さらに**本文との関連を明示する**ために、説明文の近くに配置するか、または図表の中に「章・節・項の番号」を付記するのも案であり活用されやすい。
ASME規格では、図・表の中に本文の関連する章・節・項を表示しており、参照するのに有効で便利である。

11）引用文献の表記 Notation of Reference List

著作権法・規格の表記法に準じる。

・**規格** Standards

規格番号＋発行年＋再確認年＋規格名

ASME Y14.4M-1989(R2009) Pictorial Drawing

・**書籍** Documents and Books

著者名(複数の場合はコンマで併記）＋ 書名 ＋（出版地＋出版社＋発行年）＋ 引用ページ

例１：

Ronald A.Walsh 「Electromechanical Design Handbook」New York, McGraw-Hill, INC.1995

例２：

Lockhart, Shawna D, Johnson, Cindy M., Engineering Design Communication: Conveying Design Trough Graphics, 1st, ©2000. Printed and electronically reproduced by permission of Pearson Education, Inc., Upper Saddle River, New Jersey.

・**定期刊行物**（論文集） Journals and Research Papers

著者名(複数の場合はコンマで併記）＋ 記事名(論文名）＋ 雑誌(論文集名)＋ 巻数 ＋ 号数 ＋ 発行年 ＋ 引用ページ

例３：

Kaptein, M. (2004). Business codes of multinational firms: What do you say? Journal of Business Ethics, 50(1), 13-31

・**インターネット上の文献** Papers on the Internet

著作名 ＋ 文献タイトル（サブタイトルも）＋ 発行年 ＋ URL ＋（最新アクセス日付）

例4：

Lincoln Ed in Welding Technology "4 Popular Types of Welding Process" December 2014, https://www.lincointech.edu/news/skilled-trade/apn123.html (5 Feb.2015)

＊著作権その他は関係法規を参照・準拠のこと。

6.4.2　用語表記　Words and Terms

a）英語技術用語　English Terminology

英語表記は、米国規格 ASME および技術英語としている単語・用語を基本に使用を勧める。最新版の辞書を使うことを推奨する。
曖昧で不明瞭の用語は避ける。（free of vague and ambiguous terms）
ただし、読み手のレベルを知ることも、技術文書では重要である。

特に、用語では「－」付き、「－」なし、単語を続ける、続けないなどのスペリングがあるが、上記規格の用語・スペルを基準にすると良い。
pre-、re-、semi-, sub-のような接頭辞にはハイフンは付けない。

例：ampere hour ＞ ampere-hour、hard drawn ＞ hard-drawn、
back face ＞ backface、 stormwater ＞ storm water

b）大文字・小文字　Capitalization

大文字はできるだけ使わない。使うときは：固有名詞・本のタイトル・コロンの次など。最近は、すべて大文字を使うメール・文書も見かける。
ただし、図面では科学単位とメートル法記号を除き、すべて大文字を使う。
（ASME Y14.2M, Y14.5）

c）アンダーライン　Underlining

最初の小項目の識別で使う場合はあるが、基本は使わない。
要求事項のすべてが要求する重要事項であるためである。

d）測定単位の表記　Notation of Unit Measure

科学単位記号とメートル法記号に準じる。大文字・小文字の表示など。
人名からきた単位記号は頭文字を大文字にする場合が多い。

MM ➔ mm
newton ➔ Newton

e）**略語と頭字語**　Abbreviations and Acronyms
略語は米国規格　ASME Y14.38-2007(R2013) Abbreviations and Acronyms for Use on Drawings and Related Documents の準拠を推奨する。

- **略語**　Abbreviation:　ASSEMBLY（組立）　➔　ASSY
- **頭文字**　Initialism: International Business Machines　➔ IBM
  （アイ・ビー・エムのように各文字を発音。略語として訳される。）
- **頭字語**　Acronym: National Aeronautics and Space Administration
  ➔ NASA（ナサと発音。頭文字を並べたものが、一つの単語として発音可能のもの。）

e. 1）**略称は最初に使用する際には略さない。**
Abbreviated Expressions

定義してから使う。

X：We describe an **AMR** developed at ABC's Yamato Laboratory.
○：We describe an **autonomous mobile robot (AMR)** developed at ABC's Yamato Laboratory.
ABC社大和研究所で開発された自律性移動ロボット（AMR）を説明します。

e. 2）**略語の重複は避ける。**　Avoiding Duplicative Abbreviations
例：
X：LCD display, LAN network, NCP program.

e. 3）**次の略語は使わない。**　Comma Faults
例：
etc.(=et cetra)、　eg.、　ie.

f）名詞の序列　Noun cluster

名詞を４語以上序列させない。3 語も避けるのが望ましい。
２語も不明確なものは避ける。

例：

Machine language translation.
マシン語の翻訳？
マシンによる翻訳？

Garage sale
ガレージの売出し？
ガレージ・セール（ガレージで物を売る催し）？

g）所有格（’）の誤り　Possessives Faults

無生物名詞の所有格には、アポストロフィ・エスを使わないのが原則。

例：

・機械のシリアル番号
×： machine’s serial number
○： the serial number of the machine

・プログラムの設定
×： program’s setting
○： the setting of the program

＊ただし、慣用句は例外である。
A day’s work、An hour’s delay、The company’s resources など。

h）擬人化　Personification

人でないのに人であるかのごとく表現しない。
refer は人に対して使う。下記の reference は動詞でなく、名詞で、
refer の主語が無生物ではおかしい。

例：

×： This book refers to ABC as the Big Blue.

○： In this book, ABC is referred to as the Big Blue.

この本では、ABC はビッグブルーと呼ばれる。

×： The program references the high memory area.

○： The high memory area is referred to by the program.

例のプログラムで高記憶領域と呼ばれる。

i）**短縮形**　Contractions

一般に正式な英語文書では、短縮形は用いない。ただし、電子メールでは使うことがある。

例：doesn't、 it's など

j）**感情表現**　Emotional expression

感情を引き起こす事物について形容するときは、動詞 ing 形にする。

× These instructions are so confused.

○ These instructions are so confusing.

6.4.3 MS Word と Excel の編集ヒント
Editing advices for MS Word and Excel

a）他のファイルから Word にコピーする場合、解像度を落とさない
MS Word で、他ソフトで作成またはスキャンしたファイルをコピーする場合、規定の解像度２２０ppi に自動設定される。これを避けるため、Word に貼り付ける前に、Word に下記を設定しておく。

手順：ファイル ＞ オプション ＞ 詳細設定 ＞ イメージのサイズと画質 ＞ 「ファイル内のイメージを圧縮しない」にチェックマーク ＞ 既定の解像度を指定する

原図をスキャンする場合も、あらかじめコピー機の設定から解像度を選定・指定しておかないと解像度が設定に依存することになるため注意が必要である。

b) Excel を Word へコピーする場合、貼付け後でも編集できるようにする
一般に、Excel の表を Word にコピーすると画像としてコピーされる。Word に貼り付け後も文字・数字などを編集したい場合は、下記を設定しておく。

手順： Excel のコピーする箇所を選定＞ コピー（＊１）＞ Word のホーム＞ プルメニューの「貼り付け」＞ 形式を選択して貼り付け＞ 貼り付け（＊２）＞ Microsoft Excel ワークシートオブジェクト＞ OK ＞ 表を１回左クリック＞ 外枠線が表示されるので、矢印で Word での配置を決める。

*1: Excel の枠表示が不要の場合、コピーする前に、表示 ＞ 枠線のチェックマークを必要に応じて外しておく。
*2: Excel と Word のデータをリンクさせる場合は、「リンク」を選択する。
*3: Word での編集は、表をダブルクリック後にセルを指定して編集する。

c) 文字の上部などに付ける特殊文字の作成
「挿入＞　記号と特殊文字」で得られない特殊文字で、文字の上部などに付ける文字・数値の場合、(例えば、$\ddot{A}$、$\hat{\beta}$、$\overline{\mathrm{X}}$　）下記を設定しておく。
手順：挿入＞　記号と特殊文字　＞「数式」をクリック　＞　構造　＞　アクセント＞　パターンから選択　＞　□の中に文字・数字など入れる。

d) 大文字単語と小文字単語の変換
文字選択　＞　変換キー　＞（F10）＞　選択する（変換単語がいろいろ提示される)。　またはホーム　＞フォントのメニュ「Aa」で選択。
例：abcde　➔　Abcde, ＡＢＣＤＥ, ABCDE, ・・・・
＊：文字選択は、ダブルクリックを２回すれば、単語の最後にカーソルが来るので容易。

e) 大文字英文を小文字英文に変換　（Excel）
図面は、科学単位とメートル法を除き大文字を用いるので、他の文章への転用には便利。

他のセルにコマンド入力　＞　=ASC(LOWER(セル番号))　＞　変換文章をコピー　＞元のセルに貼り付け（値(V),123 マーク付アイコン）　＞　コマンド入力のセルを削除
例：THIS IS A PEN.　➔　this is a pen.

f) 小文字英文を大文字英文に変換　（Excel）
他のセルにコマンド入力　＞　=ASC(UPPER(セル番号))　＞　変換文章をコピー　＞元のセルに貼り付け（値(V),123 マーク付アイコン）　＞　コマンド入力のセルを削除
例：this is a pen.
➔　THIS IS A PEN.

g) セル内の日本語の文字数　（Excel）

翻訳・校正料金の計算に便利。

他のセルにコマンド入力　＞　=LEN(文字数をみるセル番号)

必要に応じて、各セルの集計（オートSUM）をすれば、総計が分かる。

h) セル内の英語の単語数　（Excel）

翻訳・校正料金の計算に便利。

他のセルにコマンド入力　＞

=SUM(LEN(セル番号)-LEN(SUBSTITUTE(セル番号," ","")))+1

（単語間の数を算出し、文末分の1を加算）

必要に応じて、各セルの集計（オートSUM）をすれば、総計が分かる。

i) Wordの日本語数・英語単語数

翻訳・校正料金の計算に便利。

最下段のステータスバーの「文字数」を左クリック　＞　文字カウント　＞　日本語文字数：全角文字＋半角カタカナの数英単語数：半角英数の単語数

ただし、「単語数」は上記の総和（日本語文字数＋英単語数）なので注意！！

6.4.4 日本語の編集のポイント Editing advices for Japanese

本書は、英文技術文書作成を記述しているが、大いに日本語技術文書の作成も並行して作成されることもあるので参考までに記す。

1）漢字

常用漢字を基本とする。

常用漢字 ＞ 学術用語 ＞ JIS用語

学術用語は文部省が各学会（電気学会・化学学会・機械学会などに委託し作成させたもの。ただし、現場・業界との差が大きく使用上は問題もあり）。

例：

貰う ➔ もらう
貰えない ➔ もらえない
易く ➔ やすく
易い ➔ やすい
渡るが ➔ わたるが
住み分け ➔ すみわけ、すみ分け
表して見る ➔ 表してみる

2）一般表記

・同一語で、カタカナとひらがなの混用は避ける。

・送り仮名は、動詞は付けて、名詞はなるべくつけない方針とする。

取付ける ➔ 取り付ける （動詞）
取り付け ➔ 取付 （名詞）

・括弧を付けた説明は、改行せずに続ける。

・カッコは半角を使用する。

・漢字の数値は避ける。

数値が熟語の一部なら漢字、1、2、3・・と順番を表す場合は、数値を使う。

第2次世界大戦 ➔ 第二次世界大戦
一文字 ➔ 1文字

・～の～の～の と3回“の”が続く文章は読みにくい。

・日本語の名詞を列記する場合は、「、」コンマでなく「・」中丸。

例：「冠詞、前置詞、接続詞」でなく、「冠詞・前置詞・接続詞」

・日本語文の連続の場合、“。”の後には1／2文字空けると読み易い。

・・である。これは… ➔ ・・である。 これは…

・実数を入れてなく「...%」とあるが、「XX%」とか代替文字などを入れた方が読者は見やすい。

3）通産省通達の漢字表記を順守

漢字辞書の付則などを参照。

及び ➔ および
即ち ➔ すなわち
毎の ➔ ごとの
為に ➔ ために
付る ➔ 付ける
但し ➔ ただし
出来る ➔ できる
共に ➔ ともに
無い ➔ ない
又 ➔ また
以って ➔ もって

＊：前後の漢字との区別をすると、「金色夜叉又は暗夜航路」「普及及び宣伝」では“又”“及”が誤解しやすい。

＊：これらは、IME の用例登録に追加または表にして管理することをお勧めする。

4）公用文の順守

この公用文の表記を統一するために、内閣が各行政機関に対して「公用文における漢字使用等について」という通知を昭和 48 年、昭和 56 年、平成 22 年と過去 3 回出しています。

次のような語句の場合も原則仮名で書くと決められている。

・のとおり（下記のとおり）
・こと（許可しない“こと”）
・とき（事故の“とき”は連絡する）
・できる（だれでも利用できる）
・～ていただく（報告していただく）
・～でください（話してください）
・～てよい（連絡してよい）

5) カタカナの表示

・同一語で、カタカナとひらがなの混用は避ける。

・英語の語尾 . . . er、 . . . or、... ar、...y は長音を付けるのが基本的で、3 音以上の場合は長音を省く企業・団体もある。
「外来語の表記」(平成 3 年 内閣告示第二号)では"原語(特に英語)のつづりの終わりの-er、-or、-ar などに当たる語は、原則としてア列の長音とし長音符号「ー」を用いて書き表すとしながらも慣用も認めてはいる。

teacher: ティチャ ➔ ティチャー
doctor: ドクタ ➔ ドクター
motor: モータ ➔ モーター
copy: コピ ➔ コピー

学術用語は文部省が各学会(電気学会・化学学会・機械学会などに委託し作成させたものですが学会により異なる。上記の表記を勧める。
例 : motor: モータ(電気学会)、モーター(機械学会)

・手書きの場合、癖字(くせじ)で混同しやすいものを挙げる。「し」と「レ」、「ソ」と「ン」、「ツ」と「シ」

6) 英単語と日本語の混在

英単語が混在し、連なる日本文では、英単語のコンマは英語「,」 ではなく、日本語「、」を使う。
誤 : at, on, in の英語表現
正 : at、on、in の英語表現

7) 間違えやすい表現

疑問点が)沸いてくる ➔ 湧いてくる(常用漢字 : わいてくる)
緒問題 ➔ 諸問題
バラツキ ➔ ばらつき
ハイフォン ➔ ハイフン
ハイホン ➔ ハイフン
シュミレーション ➔ シミュレーション
お客様 ➔ 顧客

8）簡素化できる表現

することができる ➔ できる
呼ばれている ➔ 呼ばれる
全体像が分かり易い ➔ 全体像をつかみやすい
視覚的に見ることができる ➔ 視覚的にとらえることができる
確認することができる ➔ 確認できる
～でないのでしたら ➔ なければ
されてきましたが ➔ されてきたが

9) 若者ことばに注意

・「ら」抜き、「い」抜きの乱発は、きちんと表現。
食べれない ➔ 食べられない
してる ➔ している
理解させれる ➔ 理解させられる

10 ）日常でよくある例

・「よい」と「良い」
許可を表す場合：・・・してもよい
良好を表す場合：・・・する方が良い
＊上記 4)公用文の順守を参照。

・「より」と「から」
From を表す場合：「から」 A から B へ
比較を表す場合：「より」 A は B より大きい

・「とき」と「時」
「・・・の場合」を表す場合：「とき」
時刻をを表す場合：「時」

11 ）項目番号

統一することが必要。
「5.」の次に「5.1」はあるが、「５－１」はない。
項目番号で「５－１」の使用ケースは見当たらない。
写真・図の番号ではハイフン付きの番号はよく見かける。
（どれが良いか選択が必要）

12) 読み易さ

・章・節・項などのメリハリを付ける。

・見出しを付けて区切りを分かりやすくする。

・説明文はひとまとまりのブロックの適度な大きさにする。
長いと読む気がしない。

・適度のスペースは安心感がある。
原稿の最後部が残っても、他の原稿で無理に詰めない。

13) 文章の頭出し

縦書きおよび従来の習慣からは、1 文字下げて始まる文章を多く見かけるため、先頭の1文字を空ける文章にするか、または詰めるか判断のしどころだろう。
英文書・英メールでは、先頭文字を詰めるケースが多い。日本文書でも横書きの文章において多く見られるようになってきた。

字下げないと文頭が揃い、スッキリした編集になることも見逃せない。

推奨文献:

・文化庁「新訂第二版 公用文の書き表し方の基準(資料集)」第一法規株式会社
令和 4 年8月
・平成 22 年 11 月 30 日内閣訓令第 1 号「公用文における漢字使用等について」
・新村 出編「広辞苑」第七版 岩波新書
・前田慎二著「テキストG 文章作法の ABC」日経スタッフ 1998 年9月(第 12 版)
・板谷孝雄著「英文技術文書の作成+用語集」AI(エーアイ) 2019年

6.4.5 日本語の推奨表現　Editing advices for Japanese

開発・製造技術文書の作成にあたり、日本語表現においても間違った漢字・表現を使わないように心がけて欲しい。参考にいくつかの事例を挙げて説明するので、校正に役立てれば幸いである。
特に、拙書および各種原稿作成に新聞社・団体機関・校正専門家から指摘された実績集でもある。

添付：6.4.5 日本語の推奨表現

公用文：
この公用文の表記を統一するために、内閣が各行政機関に対して「公用文における漢字使用等について」という通知を昭和 48 年、昭和 56 年、平成 22 年と過去 3 回出している。

通産省通達：
従来、漢字辞書の付則に付けられたこともありました。

国語辞典：岩波書店 「広辞苑」 第7版、岩波書店 「国語辞典」第7版表 1.6-1 日本語の推奨表現

6.4.5 日本語の推奨表現

誤りやすい表現	推奨表現
%(半角)	%(全角)
+-	±
15mm長さの	長さ15mm
2巻	二巻　（名詞として）
一文字	1文字　（数えるもの）
ABC社より購入	ABC社から購入　（from の表現）
Aが使用された場合	Aを使用する場合
CSA認可された	CSA認可の
NN迄	NNまで
きめが荒い　（性格や動きの表現）	きめが粗い　（細かくない表現）
あらさ	粗さ　（JIS）
表されても良い	表してもよい　（公用文）
表して見る	表してみる
行き過ぎ量	行過ぎ量
位置ぎめがされること	位置ぎめすること
(ルールに)違犯する	(ルールに)違反する
受けねばならない	受けなければならない
打ち消し	打消し
於いて　（常用漢字以外）	おいて
多いに	大いに
お客様	顧客
行なう	行う
行なはねばならない	行なければならない
箱に納まる	箱に収まる
及び	と、および　（通産省通達）
折り曲がり	折曲り
折り曲げをすること	折曲げること
条約を改訂する	条約を改定する
辞書を改定する	辞書を改訂する
問題の回答	問題の解答
アンケートの解答	アンケートの回答

本の概容	本の概要
計画の概要	計画の概容　（広辞苑）
確認することができる	確認できる
夏季講習会	夏期講習会
ヶ所	箇所
個々	個個　（広辞苑）
個所	箇所
過少評価	過小評価
カッコ、(　)「　」<>{}[ ]	括弧
感違い	勘違い
キズ	きづ・傷　（広辞苑）
ギヤ（歯車）	ギア　（広辞苑）
技術部門の承認された同等品	技術部門承認の同等品
期限を伸ばす　（物の長さ表現）	期限を延す　（時間を長くする表現）
切り欠き	切欠き　（名詞）
切り離し	切離し
砕け易い　（常用漢字表以外の音訓）	砕けやすい
珪素	ケイ素　（常用漢字）
組立	組立て　（広辞苑）
組立る	組み立てる　（広辞苑）
グレイ（灰色）	グレー　（広辞苑、Yで終わるスペル）
軽卒	軽率
下さい　（常用漢字）	ください　（公用文）
削られた個所	削った箇所
高温・腐食	高温と腐食
工事を受ける	工事を請ける
交叉させる	交差させる　（常用漢字）
越えて（100万円を～）	超えて（100万円を～）
超えて（峠を）（基準・限度を超える表現）	越えて（峠を）　（物の上を過ぎる表現）
越さなく	越えず
事（許可しない～）	こと　（公用文）
毎の	ごとの　（通産省通達）
差し込み	差込み
さもなければ	あるいは
されてきましたが	されてきたが　（簡素化できる表現）
仕上	仕上げ　（広辞苑）

視覚的に見ることができる	視覚的にとらえることができき (簡素化できる)
時機尚早	時期尚早
時期をみる	時機をみる
～して頂く	～していただく (公用文)
してる	している (「い」抜きの若者ことば)
示された時は	示されたときは (～の場合の表現)
示されたように	示したように
示された様に	示されたように
使用書	仕様書
仕様期限の明示	使用期限の明示
シュミレーション	シミュレーション
上記の様に	上記のように
小数意見	少数意見
仕様書XXにより与えられた温度	仕様書XXで規定された温度
承認が必要です	承認を必要とする
承認されたもので	承認のもので
承認した同等品	承認の同等品
緒問題 (いとぐち、はじめ)	諸問題 (多くの、もろもろの表現)
シリコン	シリコーン (広辞苑)
記されてる	記されている
隙間	透き間 (常用漢字)
少したるみを作る	すこしのたるみを作る
図示しているものでない	図示しているものではない
図示の通りなるように	図示のとおりになるように (公用文)
図に現す (隠れていたものが出る表現)	図に表す (外に示す表現)
即ち	すなわち (通産省通達)
スプレイ	スプレー (広辞苑、Yで終わるスペル)
総て,全て,凡て (常用漢字表以外の音訓)	すべて
全ての	すべての
全ての材料は	材料はすべて
住み分け	すみ分け
棲み分け (常用漢字以外)	すみ分け
することができる	できる (公用文、簡素化できる)
セイフティー・セフティ	セーフティー (広辞苑・研究社)
せねばならない	しなければならない
全体像が分かり易い	全体像をつかみやすい (簡素化できる表現)

そり	反り
但し	ただし　（通産省通達）
立上がり時間	立上り時間
食べれない	たべられない　（「ら」抜きの若者ことば）
為に	ために　（通産省通達）
たれる	垂れる
注記された場所	注記した場所
(原因を)追求する	(原因を)追究する
(責任を)追求する	(責任を)追及する
(利益を)追及する	(利益を)追求する
使って指定する	使い指定する
突き合わせ	突合せ
付る	付ける　（通産省通達）
テーパ	テーパー　（広辞苑、ERはのばす）
テープ止めをする	テープ止めする
出来る　（常用漢字）	できる(だれでも利用できる)　（通産省通達）
です	である
添付されたカバー	添付のカバー
ドアー	ドア　（広辞苑）
通り	とおり　（公用文）
時に	ときに　（公用文）
塗装をする前	塗装する前
隣り合う	隣合う
どの代用材料でも	代用材料はすべて
共に	ともに　（通産省通達）
止りゲージ	止まりゲージ
取り付け	取付　（名詞）
取付穴	取付け穴
取付注意	取付け注意
取付	取付け　（広辞苑）
取付ける	取り付ける　（動詞）
トレイード	トレード　（広辞苑）
どんな孔も	穴はどれも
どんな変更も	いかなる変更も
無い	ない　（通産省通達）
無い限り	ない限り

無いこと	ないこと
～でないのでしたら	なければ (簡素化できる表現)
なきこと	ないこと
のりずけした，糊付けした	のりづけした
パーフォレイトシート	パーフォレートシート
場合があります	ことがある
ハイフォン	ハイフン
ハイホン	ハイフン
剥がし易さ	はがしやすさ
剥がせるように	はがしが出来る様に
測られること	測ること
時間を測る	時間を計る
深さを量る	深さを測る
目方を計る	目方を量る
剥離 (常用漢字)	はく離 (JIS)
外すことができる	外してもよい
ばね常数	ばね定数
バラツキ	ばらつき (広辞苑)
張らぬように	張らないように
張り合わせ	張合せ
貼付・貼付	貼付け・貼付け (広辞苑)
這わす・這わせる(線・ケーブルを)	配線する
必要の場合	必要とする場合・必要な場合
フューズ	ヒューズ (広辞苑)
フォイル	ホイル (広辞苑)
日付け	日付 (広辞苑)
歪み (常用漢字以外)	ひずみ
表面組織 (きめ)と	表面組織(きめ)と (つめる)
拡がり (常用漢字表以外の音訓)	広がり
ふくらみ，脹らみ (常用漢字以外)	膨らみ
不思疑	不思議
プラスマイナス	プラス・マイナス (広辞苑)
棒引	棒引き (広辞苑)
保障書	保証書
巻き線	巻線 (名詞)
巻き方向 :任意でよい	巻き方向: 任意でよ (:の前は空けない)

又は	または （通産省通達）
ミクロン以上の粒子	ミクロンを超える粒子
向こう側	向う側
メッキ、鍍金	めっき
面から0.8mm	面より0.8mm
文字高さで	高さの文字で
以って （常用漢字表以外の音訓）	もって （通産省通達）
基ずく	基づく
貰う （常用漢字以外）	もらう
貰えない （常用漢字以外）	もらえない
盛り上がり	盛り上り
焼バメ	焼きばめ （JIS）
易い （常用漢字表以外の音訓）	やすい
易く （常用漢字表以外の音訓）	やすく
ゆるんで	緩んで
良い （常用漢字）	よい （公用文）
様に	ように
呼ばれている	呼ばれる （簡素化できる表現）
どの余分なケーブルも	余分なケーブルはすべて
ラセン状	らせん状
理解させれる	理解させられる （「ら」抜きの若者ことば）
リポート	レポート （広辞苑）
略語 TR	略語はTR
稜から測られる	稜から測ったものである
（疑問点が）沸いてくる（熱せられる表現）	わいてくる、湧いてくる （生じるの表現）
ワールド・トレイド（貿易）	ワールド・トレード （広辞苑）
解り、判り （明らかになる表現）	分かり （理解の表現）

第 7 章 日常の文書作成

Document Creation Activities

7.1 メール e-mail Creation

e-mail については、書き方・例文など多くの書籍がある。ここでは公文書・正式なメールを扱うことでなく、技術者が日常業務で使うポイントに絞って紹介する。

7.1.1 記入要領 Forms of Writing

(1) 宛先 Address

To: 宛先 (Mail to)

情報を送り、行動を求められる。グループへの宛先もある。

CC: 参考配布 (Courtesy Copy, Carbon Copy)

メール上で配布先が表示される。情報を参考までに送る場合に使う。

BCC/BC: 参考配布(Blind Carbon Copy, Blind Courtesy Copy)

メール上には配布先は表示されないので、送信情報を「To」と「CC」以外の配布先に知られないで情報を送る場合に使う。

(2) 件名 Subject

緊急性: 「URGENT」(至急)が必要に応じて使用される。

更なる緊急性が高い場合は、「HOT URGENT」、「TOP URGENT」を使用する。 EMERGENCY, RUSH は見かけない。

機密性: 「ABC INTERNAL USE ONLY」(ABC 社内秘)

「ABC CONFIDENTIAL」(ABC 社機密)

「ABC CONFIDENTIAL RESTRICTED」(ABC 社 特別機密)

「RESTRICTED ABC CONFIDENTIAL」(限定 ABC 社 特別機密)

参考: FYI (for your information、参考情報)

Reference (参考)

例: Your memo dated 5/30/15, same subject

Your mail of 5/30/15 subj: xxxxxxxx

転送:FW (forward, 転送)

延期:Postponed (延期のお知らせ)

Postponement of xxxx Meeting of Sep 2nd 2022

件名:Subject

上記を指定した後、件名を記入する。

相手が、その件名を読んだだけでどんな情報かを分かるようにする。

名詞だけだと何を述べたいのかが分からない。30 文字以内がお勧め。

実例:

誤: P/N 1234567 Motor

正: Localization of P/N 1234567 Motor in Thailand

P/N 1234567 モーターのタイ国産化

誤: The payment

正: Payment for Invoice # 123456

インボイス# 123456 に関するお支払

誤: Minutes of meeting on April 25

誤: Minutes of meeting for TAKA

正: Minutes of meeting on April 25 for TAKA

(新製品) TAKA の4月25日付議事録

7.1.2 敬称・名義 Title of Address

ここでは公文書・正式なメールを扱うことでなく、技術者が使う日常業務での使用を紹介する。

(1) 会社名義

Mr. C.P.Brown, Vice President

The Chicago Trading Co., Inc.

The Personal Manager

British Sunlight Co., Ltd.

(2) 個人名義

Mr. Taro Tanaka: 男性

Miss Linda Brown: 未婚の女性 (Miss.のようにポイントは打たない。)

Ms. Hanako Tanaka: 未婚既婚の区別をしない女性。Ms.でポイント無くてもよい。一般ではよく使われる。複数形は、Mss(.)、Mses(.)。
不明の場合はMissとすることになっている。「ミズ」と読む。

Mrs. Hanako Tanaka: 既婚の女性

Dr. Taro Tanaka: 博士号 Doctorを持っている人には、Mr.は使わない。

Prof. Robert S.Brown: 教授の人には、Mr.は使わない。

Professor Brown: 姓名と一緒の場合は、Prof.と省略しない。

Ladies and gentlemen: 皆様

Mr./Ms.: 学校の先生にも使う。Teacherを敬語としては使わない。

Mx、Mr/Ms: 性別を区別しないで敬意を表す方法として使われる場合も。

(3) 参考

最近は、「Tanaka-san」など企業内の知り合いにはよく使われる。
特に親しく個人メモ、メールならば、「John」だけでも。
会社名・個人名は、相手側の表示に従い正確に書く。
誤記・誤読は不愉快になるので、記憶にのみ頼らず正式名称を確認する。

例:

誤: Bank of Tokyo, Ltd.
誤: The Tokyo Bank, Ltd.
正: The Bank of Tokyo, Ltd.

7.1.3 文末　The Complimentary Close

日本語の「以上・敬具・早々・かしこ」に相当する表現は:
Best Regards ＞ REGARDS ＞ Regards ＞ regardsで右側より左側に従い丁寧になる。ビジネスでは「Regards」が多く使われる。
さらにお礼の意味も込めて、Thank you very much in advance, Thanks in advance (あらかじめ御礼申し上げます)を先に付記することもある。
依頼をした時などには記載することが多い。

例：

Many Thank you in advance and Best Regards.
Thank you for your cooperation and patience.
Thanks in advance and Regards.
Thanks and Regards.
Regards and thank you.
Kind Regards
With Regards
All the Best
Sincerely

形式的なメールでは、Sincerely, Best wishes, Yours sincerely, Sincerely yours なども使われるときがあるが、手紙ではないので日常業務では余程の場合以外には使われない。

・Please give my best regards to Mr. Tanaka.
田中さんによろしくお伝えください。

・Thank you in advance for your valuable feedback and time.
貴重なフィードバックと適切な時機に対し感謝申し上げます。

7.1.4 署名欄 Signature

最後尾にフッターと呼ばれる署名が定形として付けられる。
「フッター」には、氏名・肩書き・会社名・部署・電話番号・メールアドレス・住所・会社方針などが必要に応じて付けられる。

例1：

Taro Tanaka
Director of Design division ABC Co., New Otani Garden Court 31F
4-1 Kioi-cho, Chiyoda-ku, Tokyo, 102-8123, Japan
T (080)3-1234-5678　F (080)3-1234-5679　M (080)90-2345-6789
taro.tanaka@abc.co.jp
www.abc.co.jp　https://www.facebook.com/ABCJapan

ABC is World's leading Engineering Service Provider.

例2：

Taro Tanaka
Representative of ABC Consultant
Tel & fax: 0456-78-9012
e-mail: taro123@cameo.plala.or.jp
HP: http://www98.plala.or.jp

例3：

Shiho Tanaka
〒123-4567 東京都中央区xxxxx
e-mail: shiho123@cameo.plala.or.jp
Executive Administrative,
Assistant to: Mr. Takao Nakamura, Vice Chairman, ABC Japan, Ltd.

7.1.5 問合せ先 Contact Points

単純に、contact：○○○○@×××とする。
For more information or question, please contact us to ○○○○@xxx
上記のように文章にしても良いが、最初の方が多用される。

7.1.6 誤送信の場合 Transmission in Error

誤送信を憂慮して、付記されることもあるがほとんど使われない。

This message and any attached documents contain information from ABC group which may be confidential and/or privileged. If you are not the intended recipient, you may not read, copy, distribute, or use this information. If you have received this transmission in error, please notify the sender immediately by reply e-mail and delete this message.

当メッセージおよび添付資料は ABC 社グループからの情報を含んでおります。それらは機密もしくは特別扱いされているかもしれない。もしも貴方が対象となる受信者でないのでしたら、この情報を読んだり、複写・配信したり、あるいは使用したりしてはいけません。
もしも、貴方が誤配送で受信されたならば、どうか送信者に直ちに返信メールで通知の上、当メッセージを廃棄してください。

7.1.7 情報交換での礼儀　Netiquette

・ビジネスに徹する。 Stick to business.
ジョークや他のビジネス外の話は送信しない。
女性担当者に恋人のようなふるまいは避ける。

・手短な情報を送る。 Keep the message brief.

・適正な形式を守る。 Use appropriate formality.
形式をはずした書き方は避ける。

・正確に書く。 Write correctly.
送信する前に、見直し・校正して誤りがないかを確認する。
特に、数値・日付・名前/名称。

・感情的にならない。 Don't flame.
受信したメールで感情を害しても冷静に。

・読みやすくする。 Make your message easy on the eyes.
大文字・小文字を適切に使用し、行を空ける、行の文字数は 65 文字ほどに読み易くする。

・ソーシャルネットワーク上に勝手に転送しない。
Don't forward a message to an online discussion forum without the writer's permission.
ソーシャルネットワーク上に勝手に転送しない。
e-mail は著作者の知的財産なので、著作者の許可を得ないでソーシャルネットワークに勝手に転送しない。

・何か言うべきことが無い場合はメッセージを送信しない。
Don't send a message unless you have something to say.
何か言うべきことが無い場合はメッセージを送信しない
特に述べることがなければむやみに返信しない。

7.1.8 古い決まり文句 Correspondence Clichés

古い決まり文句 Letter clichés	普通の定型表現 Natural equivalents
・attached please find	attached is
・enclosed please find	enclosed is
・pursuant to our agreement	as we agreed
・Referring to your letter of March 19, the shipment of piano…	As you wrote in your letter of March 19, the
・We wish to advise that …	What you want to say
・The writer believes that…	I believe…

＜参考＞

Standard Business Email Phrases: ビジネスの電子メールの決まり文句
correspondence:(手紙・電子メールなどによる)文通・通信。set phase。
clichés:フランス語、 cliched 古臭い決まりきった文句の入った。
fixed expression: 定型表現

7.1.9 実務例文　Example Sentences

(a) 添付資料の送付　Including Attachments

例：

Subject: 2024 Engineering Meeting
Reference: Telephone Meeting on 2/5/2024

Attached please find a copy of the presentation excerpts by Messrs. J.F.Jennings and J.D.Akers at the subject meeting held on January 30 and 31, 2024 at Tokyo Hilton.

T.Tanaka

訳：

件名：2024 技術会議
参照：2 月 5 日 2024 の電話会議
添付のプレゼンテーション 2024 年 1 月 30 日および 31 日に東京ヒルトンホテルで開催された件名の会議での J.F.Jennings と J.D.Akers 両氏による抜粋版のコピーをご覧ください。

田中（太郎）

［**説明**］
・Attached please find xxxxx (資料名)：添付の xxxxx 資料をご覧ください。
＊古く多用される構文例であるが、Attach is xxxxx と修正が望まれる。

(b) 礼状（納期の進捗）　Notes of Thanks

例：

Subject: P/N 1234567
Paul,
It's a great news for me that CDE can **improve** the ship date from Feb 12 to Feb 8.

We, Japanese MFG managements appreciate so much for your excellent support on this matter.
As for shipment, it is quite all right to ship them IMMEDIATE DISPATCH and I had got shipment information from Chris advising the case arrival on Feb 9 in Japan,

This enables us to secure customer installation without any risk.
I thank you very much for your personal attention and your team's efforts.

Best Regards,
T. Yamada

訳：
件名： 部品番号 1234567
ポールさん、
CDE 事業部が出荷日を 2 月 12 日から 2 月 8 日に早めて頂いたことは、私にとって大変良いお知らせです。
我々、日本の管理者は、この件に対する貴職の素晴らしい支援に深く感謝いたします。

出荷に関しては、その部品を緊急配送で出荷して頂くことは有難いです。
日本に 2 月 9 日到着する状況をクリスさんから、ちょうど伺ったところです。
これで何の問題もなく、お客様に設置できるようになります。
あなたの個人的なご配慮と貴職チームの努力に対して深く感謝します。

敬具
山田 （太郎）

［**説明**］
・improve（the ship date）：（出荷日）を早める、改善する
・I thank you very much for your personal attention and your team's efforts.
担当・担当者だけでなく、貴職のチームやスタッフにもお礼を述べる。

・「件名： 部品番号 1234567」は、一般には分かりにくいので件名表示としては不適だが、両者共もしくは既知の場合は、省略することが出来る。後にメール検索して振り分ける場合は分かりにくい。

(c) 礼状（出張での配慮） Notes of Thanks for Business Trip

例：

Yamamoto-san,
I wish to personally thank you and your staff for very warm welcome we received in Japan. The several days we spent with the Tokyo Team and with Matt Tanaka were extremely helpful in our further understanding of this very important relationship.
（業務内容の記載で省略）
As I expressed in our review meeting in Tokyo, I believe it is essential that New York and Tokyo meet quarterly, **face to face**, to talk about their mutual goals and objectives. Meeting, alternating between the U.S and Japan, can only further **strengthen the bond exists between us.**

I look forward to our future meetings, and **I am confident of the success** we will mutually share.

Daniel F. Weston

訳：

山本さん、
日本で受けた温かい歓迎に対し、貴職および貴スタッフに感謝申し上げます。東京チームおよびマット田中氏と過ごした数日間は、この非常に重要な関係の更なる理解に大いに役立ちました。
（業務内容の記載で省略）
東京での検討会議で述べたように、ニューヨークと東京が四半期ごとの対面での会議、共通の目的と目標を話し合うことは必須であると私は信じます。米国と日本との交互の会議は、我々の間の絆をさらに強めることさえ出来ます。

私は今後の会議を楽しみにしており、我々が相互に共有する成功を確信しております

ダニエル　F.ウェストン

[説明]
・face to face：　対面の、向かい合った
・I am confident（of the success）：　（成功を）確信して
・strengthen the bond（exists between us）：（我々の間にある）絆を強める

(d) クレームの対処　Claim Management

例：

SUBJECT: SUDDEN SUPPLY DECOMMITMENT OF M/T 1234 FOR 3Q24
REF: YOUR NOTE TO A.SARSGARTD OF 9/15, SAME SUBJ

TANAKA-SAN, LET ME EXPLAIN THE DIFFICULT SITUATION WE HAVE ENCOUTERED. ABOUT TWO WEEKS AGO, OUR SUPPLIER RECEIVED A LOT OF RAW CIRCUIT BOARDS FROM THEIR SUPPLIER. UNFORTUNATELY, THE ENTIRE LOT WAS DEFECTIVE DUE TO A MANUFACTURING ERROR AT THE BOARD SUPPLIER. THIS SUPPLIER IS WORKING **AROUND THE CLOCK** TO CORRECT THE PROBLEM BUT HAS CAUSED A SIGNIFICANT SUPPLY INTERRUPTION OF M/T 1234 **IN THE MEANTIME**.

THE CORRECTED BOARD WILL NOT BE AVAILABLE UNTIL 9/16, AT WHICH THE NORMAL M/T 1234 MANUFACTURING WILL RESUME. UNTIL THEN, OUR SUPPLIER IS REWORKING THE BOARDS TO PRODUCE AS MUCH M/T 1234 PRODUCT AS POSSIBLE.

BUT THE PRODUCTION RATE IS LESS THAN NORMAL. I ASSURE YOU THAT THIS PROBLEM IS RECEIVING TOP LEVEL ATTENTION AT BOTH ABC AND AT OUR SUPPLIERS.

（省略）

THIS PROBLEM WILL NOT AFFECT OUR ABILITY TO MEET OUR FULL YEAR COMMITMENT ON OVERALL M/T1234 SUPPLY.
I WILL KEEP YOU INFORMED OF OUR PROCESS. OOSAKA WII BE WORKING WITH YOUR SCHEDULING PEOPLE TO INFORM THEM OF SPECIFIC SHIP RATES DURING THE RECOVERY PERIOD.

THANK YOU FOR YOUR COOPERATION DURING THIS DIFFICULT PERIOD.

BOB BLANKE

訳：
件名：製品1234　3四半期 2024 年の突然な供給違約
参考：貴メモ　9 月 15 日付　A.SARSGARTD 宛て同件名
田中さん、私達が直面しているこの困難な状況を説明いたします。2週間前頃、私達の業者は、供給先よりあるロットの回路基板の材料を受領しました。残念なことに、そのすべてのロットは、基板業者での製造ミスによる不良品でした。この業者は、その問題是正のため 24 時間体制で働いています。

その間にも、機種 1234 の大幅な供給中断を引き起こしています。
正規の基板は 9 月 26 日まで入手できません。その時点から正常な機種 1234 用生産が再開されます。それまで、私達の業者はその基盤を加工修理して、出来る限り多くの機種 1234 製品を生産できるようにします。

しかし、生産速度は普段よりは遅いです。この問題は ABC 社と私達の業者共にトップレベルの注目を受ける問題と断言します。
（省略）

この問題はすべての機種 1234 の年間供給量の約束に影響しません。大阪（事業所）は貴社の納期担当者と共に、回復している期間中は、彼らに詳細な出荷量をお知らせするように勤めます。

この困難な期間中の貴職のご協力に感謝します。

[説明]

AROUND THE CLOCK：24時間体制で

IN THE MEANTIME：その間にも、その一方で(は)

＊上記では、全て大文字で記載。読みやすさを重視し、小文字を使わない文例である。シフトキー操作がなく速くタイピングができること、見やすいことのメリットがあり、日常業務では多く見かける。

無論、**図面の記入は**、科学単位とメートル法記号を除き**大文字を用いる。**

(e) クレームの連絡　Samples of Claim Notes

・A packaging **is damaged**. Wrappings and cushioning are not enough. Therefore, some cups are **cracked, and others are broken**.

箱に**ダメージがあり**、内側はラップ、クッションが不十分でした。

そのため、**ヒビがはいったり割れたりしています。**

・The goods delivered do **not conform to the specifications** of our order.

納入品は当社の**注文仕様に合致していません。**

(この後に具体的に注文仕様に合致していない点を述べる。)

・We shall investigate the cause of the violation to solve the problem and develop reforms to prevent its recurrence.

我々が問題解決にあたり、原因究明・再発防止に努めます。

・In addition, used in sudden temperature change or high humidity, **it may cause** deteriorating of its performance and electrolyte leak by dew condensation.

さらに、急な温度変化や著しい高湿度環境では性能低下や結露が発し、漏液の**原因になります。**

・We're conducting a customer satisfaction survey in order to identify specific products and services in need of improvement.

私たちは、改善の必要がある具体的な製品やサービスを特定するために、顧客満足度調査を行っています。

(f) 招待状

ABC Japan Section 2024
Annual Meeting

June 27th, 2024

You are invited to attend the ABC Japan Section 2024 Annual Meeting. This meeting will be hosted by the ABC Japan Section and held in a hybrid format.

Date/Time: June 27th, 2024 (Thursday), 17:30 ~ 18:30 (Japan Standard Time)

Venue: BCD University, Department of Mechanical Engineering, College of Science and Technology Tower Scholar, 1-2-3 Kanda Surugadai, Chiyoda-ku, Tokyo 101-1234, Japan

(*The closest train station is Ochanomizu Station)

Venue address in Japanese:

BCD 大学 理工学部機械工学科

〒101-1234 東京都千代田区神田駿河台1-2-3 タワー・スコラ

If you are interested in joining, please send an email to the addresses below to register and receive the link for online attendance:

Rasoul Aivazi: aivazi@abc-member.org

Shiho Nakamura: shiho@bcd-u.ac.jp

★ About ABC Japan Section:

Established in 1986, ABC Japan Section is the local section

of the Asian Society of Mechanical Engineers (ABC). For more information, visit https://www.abc.org. The Section promotes the technical and professional development of ABC members in Japan and assists in furthering the purposes of ABC.

https://www.ai.com/company/abc-japan/

View this and other events on our ABC section page.

ABC Japan Section →XXXXXX.

訳：

日本 ABC 学会　2024 年次総会
　　6月27日2024　木曜日

日本 ABC 学会　2024 年次総会にお越しを心よりお待ち申し上げます。
日本 ABC 学会の主催する総会は、ハイブリッド形式で開催です。

日時：6月27日2024（木曜日）　17:30-18:30（日本時間）
会場：BCD 大学　理工学部機械工学科　タワー・スコラ
　　〒101-1234　日本、東京都千代田区神田駿河台 1-2-3
　　（最寄り駅はお茶の水駅）
会場住所の日本語：BCD 大学　理工学部機械工学科
　　東京都千代田区神田駿河台 1-2-3　タワー・スコラ　101-1234、JAPAN

参加をご希望の場合は、下記アドレスに電子メールをお送りください。その後にオンライン参加のリンクが受領できます。

Rasoul Aivazi: aivazi@abc-member.org

Shiho Nakamura: shiho@bcd-u.ac.jp

＊日本 ABC 学会について

1986 年に創立し、日本 ABC 学会は、（ABC）機械工学学会のアジアでの地域学会です。 詳細については、https://www.abc.org にアクセスください。当学会は日本の ABC 学会員の技術的、専門的能力の開発を促進させ、ABC 学会の存在意義の促進を手助けしています。

https://www.ai.com/company/abc-japan/

当 ABC 学会部会にあるこの催しや他の催しも是非ご覧ください。

日本 ABC 学会　→XXXXXX.

7.2 月例報告書　Monthly Activity Report

ポイントは：

・英語圏の人は報告書の重要性を理解し、昇進・勤務評価にもつながる意識を持っている。文書を介したコミュニケーション能力が問われる。
・簡潔で、読む人が次の行動が取れやすくなるように報告する。
・功績より、問題点をくまなく伝えて支援を得やすくする。
・目標と結果を比較した数値を示し、**年間報告書にも繋げられる**役立つ内容を盛り込む。
・「Accomplishment」は、業績・成果と訳されることが多いが、定常業務での成果としての認識である。「Performance」や「Out of situation」で定常業務以外の実績を示すことがある。
・「Topics and Accomplishment」でその月の活動や成果を記述することもある。
・「Highlight」で各活動内容を述べることもある。

例：

****

Monthly Activity Report

November 2024

****

As of Nov/29/2024
Taro Tanaka
tanaka-t@abc.co.jp
Components MFG Engineering
Dept, Fujisawa

A　GENERAL

・Break in point schedule is deferred from Aug/15 to Sep/17 for 3999 DPPF.
Announce date and GA date will be considered again by Fuji NP.

・Design of SUTTER Primary Power Assy was changed.
As for three phase design, the new design will be planned.
So, our localize activity was suspended.

B ACCOMPLISHMENT

B.1 Tailgate Localization

・The localize study started

The source will be 4A Assy for the initial stage and then 2A (purchase).

The final source will be IPS or offshore. IPS is the best source at this present, but I will try to localize it in Thailand.

B.2 Primary Power Localization of XYZ

・We follow up RFQ process and support DEF in order to complete the quote.

・We made our propose to disclose ABC confidential of the drawing.

・We have requested localization of the electrical components and the capacity assy to minimize the ABC consigned items according to EC changes.

C OUT OF SITUATION

C.1 Problem of P/N 1234567 Cover Bottom

Problem: Surface of sheet metal is not smooth and dent.

Cause: Supplier-C.D.E used rust sheet metals or the parts became rusty before plating.

In such case, there will be many dents on the surface of sheet metals however she made a pickling in order to remove corrosions before plating.

Defect Qty: 37 Qty

Reaction Plan: Avoid use of rust material/ parts.

D NEXT MONTH OUTLOOK

D.1 Sourcing of Primary Power Assy

・Set up of 2A full consign operation.

・Support of RFQ for offshore/ domestic suppliers.

D.2 C.D.E Quality Audit Plan

・Drawing up our proposal plan.

・Study her quality status.

D.3 Tailgate Localization
・RFQ issue.
・Issue the localization plan.

E　OTHERS

E.1 Business Trip
・Exhibition of 2024 Vacuum Industry at Ryutsu-Center on Dec/14.

E.2 Instruction
・Instruction of ITIRC at CIM Room on Dec/11.

--- END OF REPORT ---

例訳：

****

月例報告書

11 月 2024

****

2024 年 11 月 29 日
田中太郎
tanaka-t@abc.co.jp
部品生産技術部門、藤沢工場

A　概況

・製品 3999　DPPF の BPI(製造での適用時点)日程が 2024 年 8 月より 2024 年9月に順延された。
製品発表日と **GA(General Availability、初出荷日**)は藤沢工場新製品担当より再度検討される。
・製品 SUTTER の第一電源製品の設計は変更された。
三相電源の設計に関しては、新たな設計が計画されている。そのために、現地生産活動は保留にされる予定。

B　実績

B.1 テールゲート製品の現地生産化
・現地生産の検討が開始
初期供給は **4A ASSY**（**社内組立**）で、その後は **2A**（**購入品**）を予定。

最終的な供給は、**IPS(国際調達)**または海外調達となる。国際調達が現時点での最善策だが、私としてはタイでの現地生産を試みたい。

B.2 製品 XYZ の第一電源の現地生産化

・**RFQ(見積依頼書)**の処理状況を確認し、見積を完了するように DEF の支援をする。

・その図面に関する ABC 社機密の解除を提案する。

・技術変更に伴う ABC 社の支給品を最小限にするように、電気部品およびキャパシテー組立品の現地生産化を要求した。

C　問題解決

C.1 P/N(部品番号)1234567 ボトム・カバーの問題発生

問題点:板金の表面が滑らかでなく、凹みが見られる。

原因:協力会社 C.D.E が錆びた板金を使用していたか、メッキの前に錆びついていた。この様な場合、その会社がめっきの前にさびを除去するために酸洗いしたとしても板金の表面に多くの凹みがある。

不良数:37個

対策計画:錆びた材料と部品の使用を避ける。

D　翌月の予定

D.1 第一電源装置の調達方法

・全支給品での 2A(外注)の設定。

・海外生産・国内外注に対する RFQ(見積依頼書)の支援。

D.2 取引先 C.D.E の品質監査計画

・提案書の作成

・取引先の品質管理状況の検討

D.3 部品テールゲートの現地生産化

・RFQ(Request For Quotation 見積依頼書)の発行

・現地生産化計画書の発行

E　その他

E.1 出張

・12 月 14 日　流通センターでの 2024 年真空工業展見学

E.2 講師

・12 月 11 日 CIM 会議室にて ITIRC（技術情報のオンライン検索サービス）。

--- 以上 ---

7.3 議事録　Minutes of Meeting

ポイントは：

・議題・文書管理番号・日付・場所・出席者・発行者は明確にする。
メール配布もあるが、定例会議などの場合の配布・保管は、クラウドなどの一定の保管場所にフォルダーを作り、パスワードで閲覧管理した方が便利である。

・1ページ程で議事内容の全体を記述し、添付資料で詳細説明を加える。

・議事録は明瞭で、すべての議事内容を捉えて、当方針・計画に沿っているかも客観的に見られるようにする。単なる打合せ内容だけの記述では事足りない。

・Minutes of Meeting のように、「Minutes」はいつも複数形。

例：

****

Minutes of Meeting – YOKO 1234
Document NO. YOKO 1234-009 (Feb/04/2024)

****

Date: Feb/04/2024, 13:30-15:00
Place: ABC R&D Meeting Room #5
Participants: Taro Nakamura (PLT), Ichiro Tanaka (ME), Keiko Satoh (NP), Bob Smith (DEV#1), Jun Nishida (TE), Tadashi Ikeda (PE)
Attachments:

・Bob Smith Report dated Dec/15/2023 Subj: YOKO 1234 Design Change #2
・Taro Nakamura memo dated Dec/16/2023 Subj: YOKO 1234 Environment Assessments

1 Design Change #2
Bob Smith presented for the latest design change in details.
All functions agreed to meet the Engineering Verification Test from March/10.

2 Concerns for Environment Assessments
Taro Nakamura confirmed to meet RoHS regulations for Design Change #2 thru her evaluations in her Material Lab.

3 xxxxxx
xxxxxxxxxxxx

Next meeting will be scheduled for Feb/14 13:30-15:00 Meeting Room #5.
Agenda items for the next meeting:
1) Status of EVT (Engineering Verification Test)
2) Proposal for EMI (Early Mfg Involvement)

End

例訳:

****
議事録 – 製品 YOKO 1234
文書管理番号 YOKO 1234-009 (2 月 4 日 2024)
****

日付: 2 月 4 日 2024, 13:30-15:00
場所: ABC 社 開発研究所 会議室 #5
参加者: 中村太郎(施設管理)、田中一郎(生産技術), 佐藤恵子(製品企画), Bob Smith(開発 #1), 西田淳 (試験技術 TE), 池田忠 (製品技術)
添付資料:
・ボブ・スミス報告書 12 月 15 日 2023 付「YOKO 1234 設計変更 #2」
・中村太郎 メモ 12 月 16 日 2023 付「YOKO 1234 環境評価」

1 設計変更＃2
ボブ・スミスは最新の設計変更を詳細に説明し、全部門は 3 月 10 日からの技術評価試験に間に合うことを同意した。

2 環境評価に関する問題点
中村太郎は、設計変更＃2 に関する RoHS 規則に準拠できたことを、材料試験所での評価により確約した。
＊RoHS 規則 : Restriction of Hazardous Substance (電子・電気機器における特定有害物質の使用制限の EU（欧州連合）指令。

3 xxxxxx
Xxxxxxxxxxxx

次回会議の開催は 2 月 14 日 13:30-15:00 会議室 #5.
議題は:
1）技術評価試験の状況
2）製造の早期参入の提案

以上 *1

*1: 文書の最後尾に、END(以上)の表示または文書にページ数を明記し文書の最後であることを明示する。

表現例:

・Mr. Tanaka reported that the environmental test plan issued for approval was submitted to the project leader.
田中さんより承認用環境試験計画書をプロジェクト代表に提出した旨の報告があった。

・The supplier’s proposal to change the paint material to pearl white waterborne was agreed.
塗装材料のパールホワイト色 水性塗料への変更提案を承認した。

・Review of safety rules of M/T 1234- topic discussion postponed to next meeting.
機種 1234 の安全性規定の検討—この議題についての話し合いは次回の会議に持ち越された。
・Attached is a process flow diagram.
工程図は添付の通り。
・It's doubtful that I'll be able to meet the deadline.
私は締め切りを守れそうもありません。
＊deadline （締め切り)を守るに使われる動詞は meet。
・I apologize. I'll make sure the staff are more careful in the future.
謝罪します。今後スタッフにはもっと気を付けるようにさせます。
＊staff（スタッフ・職員）は数えられない(付加算)名詞なので複数形にはなっていませんが、複数がイメージされるため are で受けています。
・This is by far the best office software I've ever used.
これは今まで使った中で、群を抜いて最高の事務用ソフトです。
＊by far: 群を抜いて

7.4 製造計画書　Manufacturing Plan

製造計画書は新規ビジネス計画書・工場設置・製品製造・部品製造など多岐わたるが、ここでは部品・製品製造計画書のポイントを示す。
日本では、機密管理・災害対策および解決すべき問題点の記述が少ない。
さらに、製造計画書の作成には、計画案は複数検討し、なぜこの計画書にしたかの理由とバックアップデータも準備しておくべきである。

例1：

Manufacturing Plan　製造計画書

1　Scope　摘要範囲

2　Product Description　製品説明

3　Assumption　仮定

4　Key Schedule　主要日程

　Trial Manufacturing　試作

　EVT: Engineering Verification Test　技術評価試験

　MVT: Manufacturing Verification Test　製造評価試験

　FCS: First Customer Shipment　初出荷日

　Attached（添付）: Schedule Table　日程表

5　Sourcing　供給先（主要部品・組立など）

6　Manpower & Education　人材と教育訓練

7　Facility and Equipment　設備・機器

8　Cost　原価

　・Assumption（仮定）

　・Material cost 材料費、Assembly cost 組立費、Expenses 経費、Packaging & Transportation 包装費・輸送費、Contingency 予備費、・・・。

9　Security Control　機密管理・情報機密管理

　セキュリティ管理・サイバー攻撃・ウイルス対策・・・。

10　Disaster Plan　災害対策

11　Concern & Issue　問題点

［説明］

上記4：**Key Schedule**　主要日程

・EVT: Engineering Verification Test　技術評価試験

試作製品の設計基準（Design Guide）に適合する製品機能があるかの評価試験。試作部品で製造された製品を製品保証部門で評価。

・MVT: Manufacturing Verification Test　製造評価試験

図面・技術仕様書などに準拠して、製品・部品が製造されているか、量産生産用の金型・治具により製造された製品にて評価される。

上記5：**Sourcing**　供給先

主要部品の内製・外注・支給品・購入・製造先などを明示。

上記6：**Manpower & Education**　人材と教育訓練

特に、製造部門の能力別の人数、必要な技術・技能資格の有無。
海外生産の場合の、国内・現地教育計画・資格制度など。

上記7：**Facility and Equipment**　設備・機器

工場新設などは、別途計画書を作成。
新たな設備・機器の種類と固定費・経費など。

上記8：**Cost**　原価

材料費・労務費・運搬費・設備費・保守費などを明示する。
材料費は、重要部品も原価明示と材料費内の比率（%）を明示。
contingency（加算・予備費）、currency（¥/$）の assumption（仮定）も明示。

上記9：**Security Control**　機密管理

機密区分および機密管理体制。社内および供給会社での機密管理を規定するもので、図面・技術資料などの閲覧限定、保管管理および業務終了後の機密書類の処分法など。**日本企業で区分が不明確なのを散見。**
何でも、ABC Confidential の表示を散見する。

［区分例］

・Registered ABC Confidential： 登録 ABC 社機密

高度な機密文書で登録管理。コピーは厳禁、二重鍵のある保管庫に保管、読み終わったら所有者に返却。専用用紙。

・ABC Registered Confidential： ABC 社登録機密

高度な機密文書で番号を振って管理。コピーは厳禁、二重鍵のある保管庫に保管、読み終わったら所有者に返却。専用用紙。

・ABC Confidential： ABC 社機密

社外秘の機密文書。二重鍵のある保管庫に保管などの管理。
机上の放置などの禁止と日常管理の義務付け。
日本企業はこれだけのも散見する。

・ABC Internal Use Only: ABC 社社内機密

社外秘の機密文書扱い。鍵のある机・保管庫に保管など。
取引企業には、機密契約書の締結後に技術資料などが公開される。

上記10：**Disaster Plan** 災害対策

災害があった場合などの対策。供給先の生産ストップなどのバックアップ体制など。重要部品の複数拠点からの部品供給先の確保、製造・物流拠点の検討も必要である。

上記11：**Concern & Issue** 問題点

Concern: 懸念事項。社内的な未解決の問題点。
Issue：重要な問題。社外的な未解決の問題点。
為替相場（￥対＄）・通関規制・海外法律規制および海外諸事情など。

例2 （参考）:

Manufacturing Business Plan 製造事業計画

1.0 Executive Summary 事業計画概要
  1.1 Company 会社
  1.2 Products & Services 製品とサービス
  1.3 Market Analysis 市場分析
  1.4 Strategy & Implementation 戦略と実施
  1.5 Management 経営管理
  1.6 Financial Plan 資金計画
  1.7 Sources & Use of Funds 資源と基金の利用

2.0 Company 会社
  2.1 Company & Industry 会社とその業界
  2.2 Legal Entity & Ownership 法人組織と所有権
  2.3 Company History to Date これまでの社歴
  2.4 Facilities 施設
  2.5 Key Assets 主要資産

3.0 Products/Services 製品/サービス
  3.1 Description 説明
  3.2 Features & Benefits 機能と恩恵
  3.3 Competition 競合
  3.4 Competitive Advantage/Barriers to Entry 競争優位/参入障壁
  3.5 Development 開発

4.0 Market Analysis 市場分析
  4.1 Market Size 市場規模
  4.2 Target Customer 対象顧客
  4.3 Trends 傾向
  4.4 SWOT Analysis スワット分析
    Strengths 強み
    Weaknesses 弱み
    Opportunities 機会
    Threats 脅威

5.0 Strategy & Implementation 戦略と実施
  5.1 Philosophy 指針
  5.2 Internet Strategy インターネット戦略
  5.3 Marketing Strategy マーケティング戦略
  5.4 Sales Strategy 販売戦略
  5.5 Strategic Alliances 戦略提携
  5.6 Operations 業務
    Machines 機械
    Software ソフトウェア
  5.7 Goals ゴール
  5.8 Exit Strategy 撤退作戦

6.0 Management Organizational Structure 経営組織構造
  6.1 Organizational Structure 組織構造
  6.2 Leadership リーダーシップ
  6.3 Board Members & Advisors 役員会メンバーと顧問

7.0 Financial Plan 資金計画
  7.1 Requirements 要求事項
  7.2 Use Of Funds 基金の利用
  7.3 Income Statement Projections 損益計算(計画)予測
  7.4 Cash Flow Projections キャシュフロー計画
  7.5 Balance Sheet 貸借対照表
  7.6 Assumptions 前提(仮定)

7.5 社内技術論文　Technical Paper

ここでは社内および取引企業を含めた技術論文の作成について述べる。
目的は自分の成果を文章にまとめて残すだけでなく、その技術を公開することにより、他の技術者に利用して貰うことである。 技術者**個人の机に保管されることも。**
正式な技術論文・博士論文などは、関連文献を参照。

7.5.1 技術論文の意義　Purpose of Technical Paper

・成果が文書の形で明確に残り、仕事が完結できる。
・研究成果や主張が広く公開され、他の技術者にとって有益な情報源となる。
・その技術が更に発展・開発される機会が増える。
・同じような研究を重複して行うことが避けられる。

副次的には:
・意見を整理し、思考を体系化する能力および報告技術が高まる。
・自分の立場をはっきりさせ、それに責任を持つようにする。
・仕事で得た知識が確かなものになり、長く記憶に留まる。

7.5.2 論文執筆要領　How to Write Technical Paper

1）論文の長さ
特に規定しないが、主催者により一般には指定がある。目安として A4 版で 8 ページ前後。

2）言語
主催者により一般には指定があるが、一般には和文・英文いずれも可。

7.5.3 作成前の準備　Preparation Before the Writing

1） 内容の分析、書き始める前に考えておく

・この論文で最も伝えたいことは何か。

・伝えたい読者は誰か。

・その読者はどんな予備知識・レベルがあるか。

・上記の条件で、どのような順序で並べると最も効果的か。

2） アウトラインの作成

・伝えたいことを中心に、箇条書きにして本論の下書きとする。

・始めは、出来るだけ多くの項目まで挙げておいて、後で統合削除する。

・下書きの中へ、表・図・写真を加えてより効果的にする。

3） 見直し

この段階で、レビューを受けると良い。

これまでの段階で、可能なやりかたを幾つか比較・検討し、最も良いものを選ぶ。

7.5.4 構成とポイント　Parts of a Paper

作成した論文が、**次回の論文作成のテンプレートになる。**

・表題　Title

論文の内容を具体的に表現するものが望ましく、大まかな表現は避ける。論文を書き上げてから再考すると良い結果が得られる。

・要旨　Abstract, Executive Summary

論文内容の要点を簡潔に記述する。読者に興味を起こさせる表現をする工夫が重要である。

・序論　Introduction

論文の技術的位置づけ・重要度・独創性・優位性などを明確に訴える。関連した技術分野の現状や問題点、今後の動向の紹介は主題を理解させるのに十分で、最小限度の内容に留める。

・本文　Body

分かりやすく、簡潔に、読者の立場に立って記述することを忘れない。

・結論　Results, Conclusion

論文中で最も強調したかったことを、明確に示し新鮮な表現を心掛ける。内容は総括と結論に分けられる。

・謝辞　Acknowledgment

指導や援助を受けた人々や組織に対して、短い言葉で感謝の意志を記す。

・参考文献　Reference

引用・参考とした文献をリストアップする。

7.5.5　技術論文の評価　Rating of Technical Papers

次頁の「技術論文の審査用紙」を参照のこと。

Evaluation Sheet of Technical Paper

The xx th ABC Engineering Seminar

Grader:

Date yymmdd:

	Registry No	1	2	3	4	5		9
	Company Name							
	Group Name							
	Presenter							
Originality	good her viewpoint	30	30	30	30	30		30
	develop a new field	20	20	20	20	20		20
	excel at problem-solving and improvement	10	10	10	10	10		10
Effectivity	critical importance to engineering area	30	30	30	30	30		30
	produce prominent effects	20	20	20	20	20		20
	improvement for quality, cost, delivery and safety	10	10	10	10	10		10
Versatility	experience transfer to other area	20	20	20	20	20		20
	useful reference for point of view and method	10	10	10	10	10		10
	the serious problems same as other companies	5	5	5	5	5		5
Composit-ion Power	clear and practical for purpose and problem point	30	30	30	30	30		30
	clear-cut evolvement based on logic	20	20	20	20	20		20
	full use for method of managing technology	10	10	10	10	10		10
Expressive-ness	keep easy-to-understand way	20	20	20	20	20		20
	accurate and faithful use of words	10	10	10	10	10		10
		5	5	5	5	5		5
Challenge Level	higher difficulty level of the subject	20	20	20	20	20		20
		10	10	10	10	10		10
		5	5	5	5	5		5
Special marks	something to hit your heart (efforts, attempt, personal connection, work hard and etc.)	20	20	20	20	20		20
		10	10	10	10	10		10
		5	5	5	5	5		5
Summary	**Total score**							
	Your rank order							

Your comments: Note your comments only for top 5 ranking presenters.

Registry No of 1st-ranking

Registry No of 2nd-ranking

Registry No of 3rd-ranking

Registry No of 4th-ranking

Registry No of 5th-ranking

技術論文の審査用紙　第　回 ABC 技術セミナー

記入者:
年月日:　年　月　日

		応募番号	1	2	3	4	5		9
		会社名							
		グループ							
		氏名							
独創性	着眼点が優れている		30	30	30	30	30		30
	新分野を開拓している		20	20	20	20	20		20
	改善・問題解決が独自の緒を与えている		10	10	10	10	10		10
有効性	技術的に重要な領域である		30	30	30	30	30		30
	顕著な効果をもたらしている		20	20	20	20	20		20
	品質・原価・納期・安全の改善・向上がある		10	10	10	10	10		10
汎用性	他に水平展開が出来る		20	20	20	20	20		20
	考え方・方法が参考になる		10	10	10	10	10		10
	同じ問題を他社でも抱えている		5	5	5	5	5		5
構成力	目的や問題点が具体的で明確である		30	30	30	30	30		30
	論理の展開が明快である		20	20	20	20	20		20
	管理技術の手法を駆使している		10	10	10	10	10		10
表現力	理解しやすい表現を心掛けている		20	20	20	20	20		20
	言葉の使い方が正確・適正である		10	10	10	10	10		10
			5	5	5	5	5		5
難易度	テーマの難易度が高い		20	20	20	20	20		20
			10	10	10	10	10		10
			5	5	5	5	5		5
特別評価	特に心に打たれた点がある（努力・工夫・人間関係・苦労など）		20	20	20	20	20		20
			10	10	10	10	10		10
			5	5	5	5	5		5
総合	**得点数**								
	総合順位								

コメント:　上記5点についてはコメントを記入ください。

第1位　応募番号 ＿＿＿＿＿＿＿＿

第2位　応募番号 ＿＿＿＿＿＿＿＿

第3位　応募番号 ＿＿＿＿＿＿＿＿

第4位　応募番号 ＿＿＿＿＿＿＿＿

第5位　応募番号 ＿＿＿＿＿＿＿＿

7.6 技術承認と文書管理

Technical Approval and Document Control

7.6.1 技術承認品 Technical Approval Materials

・The cover shall be thermoplastic, color blue, Union Carbide AA-XX **or ABC approved equivalent.**

カバーは熱可塑性プラスチックで色は青、ユニオンカーバイド社 # AA-XX **または ABC 社承認の同等品のこと。**

7.6.2 事前承認の指定 Subject to Prior Approval

・This part requires special packaging to control magnetic contamination. Packing **must be approved by** the ABC materials and Process Engineering Lab (domestic) or ABC Manufacturing Engineering (world trade).

この部品は磁気汚染を制御するため特別な包装が必要である。 包装は米国内では ABC 社の材料・工程技術研究所、ワールドトレイードでは ABC 社生産技術部門の**承認が必要である。**

[説明]

サイレントチェンジ(Silent Change、こっそり変更) :

メーカーが知らないうちに、取引会社などが部品の仕様変更(材料変更など)をして、中間製品・最終製品に事故・トラブルを起こしている。 海外調達で2次・3次サプライチェーンには注意が必要。

7.6.3 技術変更の届出・承認
Acceptance of Notification for Engineering Change Requests

・This is a critical part; any changes in the manufacturing process or materials **require prior ABC written approval**.
これは重要部品である。製造工程または材料におけるいかなる変更も**事前に ABC 社の書面による承認を必要とする。**

・The manufacturer **shall notify** ABC prior to changes in design, material, process or process control and shall **obtain written acceptance** from ABC.
This does not require the manufacturer to reveal any proprietary information.
製造会社は設計・材料・加工または工程管理に関する変更をする前に ABC 社に**届け出なければならない。** そして ABC 社から**書面での容認を得なくては**ならない。
これは、その製造会社の機密情報を明かすことを要求しているものではない。

7.6.4 外部機関適合の指定
Application by External Agency Standards

・Impedance given represents an initial (new CB) value.　After life test, this CB must meet performance of UL 489 (Heat Rise Spec) or **applicable test house standard**.
与えられたインピーダンスは初期値(新しい遮断器)を示す。 寿命試験後、この CB(回路遮断器)は UL 489(熱上昇仕様)の性能または**該当する試験機関標準**に適合すること。

・Must be UL **listed or recognized** and CSA certified. Both to be marked on manufacturer's label.
UL 承認リストに**記載ずみまたは承認**されたものであり、CSA(カナダ規格協会)の承認されたものであること。 UL と CSA の記号を製造者ラベル上に記載すること

[説明]

UL 規格:

UL recognized, UL approved, UL labeled, UL listed と表示。

UL は UL LLC（英名 Underwriters Laboratories の略で、当初保険会支持により発足し、その後米国における最大の機能・安全試験機関として活動している。米国に輸出する製品は、この承認が必要となるものが多い。

LLC: 合同会社 Limited Liability Company で米国を始め近年多い。

Co., Ltd は英国・アジアに多く、Corporation, LLC, Inc., など米国などに見掛ける。

7.6.5 文書の所有権 Property of Materials

・This document is **the property** of ABC. Its use outside ABC is authorized only for responding to a request for quotation or for the performance of work for ABC. All supplier/vendor questions **must be referred to** the ABC Purchasing Department.

この文書の**所有権**は ABC 社にあります。この文書を ABC 社の外部で使用することは、見積に応札するために使用する場合か、あるいは ABC 社のための業務を行う場合に限って認めます。協力会社からの疑問の点はすべて ABC 社購買部門に**お問合せ下さい**。

＊図面・技術文書に明記する。海外では、所有権でなく特許などの表示も。

7.7 図面の注記　Drawing Notes

1 **言語**: 全ての注記と標題欄記載には英語および、または標準記号を用いる。
もし英語以外の第二言語に翻訳する必要があるときは、そのために図面上に十分な余白をとっておく。

ここで重要なことは**どの言語が主体**であり、不都合な問題が発生した場合には、**どこの国のどの裁判所で行うか**を図面・別途契約書などで明示すべきである。訳文に関しては、このような文書での明示と確約が必要である。

2 **文字記入**: 科学単位とメートル法記号とを除き、**大文字を用いる**。
図面はコピーおよび縮小されることが多いので、それでも読みやすさが重要である。日本企業においては、これを遵守していない図面を散見する。

3 **略語**: 短縮形の言葉(略語)は誤解されるおそれがあるから、できる限り使わない。 略語は定められているものを使用する。これを遵守していない独自に作成した略語表現を散見する。
欧米の規格・書籍は、最初に略語・用語の定義をしている。
参照：ASME Y14.38　Abbreviations and Acronyms for Use on Drawings....

4 **単数形と複数形**: 文法通り。

5 **単数記号と複数記号**: 記号は単複同形である。
10 m = ten meters
10 **ms** = ten milliseconds （10 ms は、10 m の複数形ではない。）

6 **数字と名称の間隔**: 数字と単位を表す名称、または記号の間には間隔を置く。
誤： 100V
正： 100 **V**

ただし、図面記号と数値の間に間隔を空けない。

例：2X（箇所の数）、R3（半径）、SR5（球の半径）、CR3（管理半径）、Φ10（直径）、SΦ8（球の直径）、Φ0.3Ⓜ（最大実態状態）、Φ0.3Ⓛ（最小実態状態）、0.1Ⓣ（接平面）など。

7 **小数点**: 小数点としてピリオドを使う。1より小さい数字の場合、小数点の前にゼロ(0)を置く。ただし、インチ表示の場合を除く。

誤： **.6 mm** （「.」は読めなくなる可能性があり注意。）

正： 0.6 mm

8 **点(ピリオド)の使用上の制約**: 単位記号の後にピリオドを使わない。

誤： **2 mm.** THICK IN NOTED AREA.

正： 2 mm THICK IN NOTED AREA.

9 **寸法表示**: 繰返し回数を示す文字、例えば 2X と長さを表す数字の間、長さを表す数字と＋、－あるいは±記号の間、および公差と注記の間にはそれぞれ1文字分の間隔を置く。これは、読みやすくすることと複写を目的とするためである。

例： 2X R10、2 ± 0.5 （2X）のように括弧は不要。

10 **ミリメートルの寸法表示**：大きな数値、あるいは小数部分をグループに分けるために、数字の間にスペースやコンマは用いない。

（昔の英文法書には、ルールとして記載されているものもありました。）

誤： 12,345,678 または 12 345 678

正： 12345678

誤： 0.000,246,8 または 0.000 2468

正： 0.0002468

11 **位置**: 図面の右上部分に書き、最初の注記は用紙の上端からおよそ40mm 下に置くこと。

12 **行間**: 最小文字高さと同じ。

(ASME: 文字高さより大きくなく、かつ文字の高さの半分より小さくない。)

13 **注記間隔**: 最小文字高さの 2 倍と同じ。

14 **番号の割り振り**: 1 から始まるアラビア数字で番号を付ける。注記の番号数字と注記本文の間は少なくとも 2 文字分の間隔をあける。
注記番号数字の後にはピリオドは不要であるが、注記そのものの後には必要である。
注記番号は連続している必要はない。連続した番号を使用しようとして、番号を打ち直すと複雑な図面では誤る危険性がある。

15 **変更**: 注記の記載が不要になった場合でも、注記番号は残しておく。

16 **工程用語**: 図面は加工方法を指定することでなく、部品について明確に表示すべきである。従って、ドリル加工・リーマー・パンチ加工および他のいかなる方法で加工するかを表示せずに単に穴の直径のみを記入する。

しかしながら製造・工程・品質保証または環境情報が技術上の要求事項を定義する上で不可欠の場合には、それを図面または図面上に参照された文書を明記すること。
日本の図面では、キリ・イヌキ(鋳抜き)・リーマー・ドリル加工などを散見する。

17 **試験機関による承認または認可**: 燃性材料は、UL 規格などの承認リストに記載済みか承認されたものを明示する。さもなければ燃焼試験等級または燃焼試験コードなどの仕様を指定する。

18 **安全対策・処理**: 指示する。後日の裁判沙汰にならぬように。
日本企業の図面では、この安全対策・処理について明示されていない図面を散見する。危険を示す注記を記入し、SAFETY SYMBOL なども表示することが推奨される。

19 **試験規格の明示**: 材料特性などは、その試験規格を明示して、その特性値を示す。

20 **特別な品目と工程の略語**　Acronyms for Special Items and Processes
注記、図面の表題欄近くおよびリストに表示される略語。

CSI: Critical Safety Item 重大安全品目
CSP: Critical Safety Process 重大安全工程
ENI: Environmental Impact 環境影響
ESD: Electrostatic discharge Sensitive Devices 静電気放電に敏感な機器
ESS: Environmental Stress Screening 環境ストレス選別
HAZ: Hazardous conditions, processes, or materials 危険な状態、工程、材料
HCP: Hardness Critical Process 重大硬度工程
HCI: Hardness Critical Item 重大硬度品目
I/R: Interchangeability/Repairability 互換性/修理(修復)可能性
INT: Interface control インターフェース制御
ODC: Ozone-Depleting Chemical オゾン層破壊化学物質
ODS: Ozone-Depleting Substance オゾン層破壊物質

参照:ASME Y14.100 Engineering Drawing Practices 技術図面の実務

7.8 部品名称　Title

技術図面および図面の品目名の表題作成について規定する。

7.8.1 基本規定　General Rules

(a) 表題は出来るだけ簡潔に品目を表し、類似の品目は区別せねばならない。

(b) 表題は一つの名詞または名詞句からなること（基本名称）。修飾語句を同一の基本名称間で区別するために使ってもよい。
- 修飾語句は単語でも句でもよい。最初の修飾語句は、基本名称の持つ概念を狭め、さらに修飾語句を次の説明に引き継ぐようにする。
- **接続詞 "OR"**（または）**および "FOR"**（～用）**を使ってはならない。**

(c) 名詞または名詞句は、**品目の基本的概念を表したものであること。**
- 複合名詞または名詞句は、単一の名詞が適合しない場合に使用する。
- 名詞または名詞句は、部品および部品の用途を述べることで、材料または製造方法を述べてはならない。

(d) 名詞または名詞句は、次のものを例外として単数形で使うこと。
- 名詞のただ一つの形式が複数である場合。 例えば、"TONGS" (トング)。
- その品目の本性が複数形を必要とするとき。 例えば、"GLOVES" (手袋)。
- 同一の図面上に多くの単一品目が現れるとき。 例えば、"FUSES" (ヒューズ)。

(e) 複数の意味を持つ名詞は、単独で使用すべきでなく、名詞句の一部として使用しなければならない。

推奨	**推奨されない**
CIRCUIT CARD ASSEMBLY（回路カード）	ASSEMBLY, CIRCUIT CARD
PRINTED CIRCUIT BOARD（プリント基板）	BOARD, PRINTED CIRCUIT

(f) 品目が容器または材料ではないが、その名称が通常において容器または材料を指す名詞の使用となる場合は、名詞句は基本名として使うこと。

推奨	**推奨されない**
JUNCTION BOX (接合器)	BOX, JUNCTION
SOLDERING IRON (はんだごて)	IRON, SOLDERING

(g) 略語は、避ける方が良い。

(h) 表題は、次の組立品の表題と整合性が取られていること。

(i) 表題が次の葉番（sheet、シート）に続く場合は、その表題はどの葉番とも同一でなければならない。

(j) 主要な組立品または最終製品への参照は、類似部品を識別する必要のある場合を除き使用してはならない。

(k) 略図図面のような部品図面は、表題の一部として図面の種類を含めても良い。
例えば、”TRANSFORMAR ASSY, SCHEMATIC DIAGRAM”（変圧器配線図）。

参考：
ASME 付属書 C（任意） Nonmandatory Appendix C(b-9)
次の単語は決して単独では使用してはならない基本名であるが、**名詞または名詞句の最後の単語とすることは許される。**

APPARATUS（器具・機械）、ASSEMBLY（組立）、ASSORTMENT（一式）、ATTACHMENT（付属品・取付け具）、COMPOUND（化合物）、DEVICE（装置・機器）、ELEMENT（機器・要素）、EQUIPMENT（装置・器具）、GROUP（グループ）、INSTALLATION（取付・装置）、KIT（キット・一式）、MACHINE（機械・機構）、MECHANISM（機構・装置）、OUTFIT（装備一式）、PLANT（設備）、SHIP(船舶)、SUBASSEMBLY（部分組立品）、TACKLE（用具・装置）、TOOL(工具・用具)、UNIT（ユニト・設備一式）、VEHCLE（車両）

(1) 1 個の修飾語は、単語または 1 個の限定する句であることが許される。
最初の修飾語は、基本名によって設定された概念の範囲を狭める役をはたせねばならず、またそれに続く修飾語はより独自の特性を表現することで、品目の概念を狭め続けなければならない。

例： BRACKET, UTILITY LIGHT（施設灯用ブラケット）

(2) 1 個の修飾語は、名詞または名詞句からコンマによって、また先行する修飾語あればそれからもコンマによって分離すること。複合語の中のハイフンおよびタイプ指定語の中のダッシュは句読点ではないこと。

参照：

ASME Y14.100-2004(2009) Engineering Drawing Practices（技術図面手法）

7.8.2 部品の種類　Characteristics of Parts

組立品	Assembly, Component, Fabricated part Assembly, Fabricated part は分解・再組立できる Component は分解できるが再組立できないもの
部品	Detail Parts （子部品は Item）
サブアッセンブリー	Subassembly（中間組立品）
類似部品	Similar Parts
グループ BM	Group BM
参考資料(組立図面 ...)	Reference Material
出荷用参考資料（取扱説明書）	Reference Material to be shipped
代替部品	Substitute part, Alternated part
オプショナル部品	Optional part
大型部品(線、チューブ ...)	Bulk material
合わせ部品	Matched parts(set)
出荷用部品(マニアル ...)	Shipping part
注文レベル部品	Order level part
支給部品	Consign part
業者調達部品	Vendor furnish part
仕掛品	Work in process
市販部品	Commercial part
購入部品	Purchase part
内製品(支給品あり)	Inplant part mfg with consign
内製品(支給品なし)	Inplant part mfg w/o consign
二次製品（最終製品の構成製品）	Second level product
完成品(倉庫に保管)	Finished machine
消耗品	Expendable supplies, Consumable supplies, Supplies

7.9「英語図面」の例題と解答

Example Questions and Answers for English Drawings

グローバル化に伴い、英語図面を読み書きする機会が増えてきた。企業の作成された英語図面を拝見・添削する機会を通して、その作成ポイントを示したい。これらの英訳例題は、図面英語の翻訳者の選定にも役立つであろう。

例１：大文字を使う

問題１：地球は、オレンジに形が似ています。

解答１：THE EARTH IS SIMILAR TO AN ORANGE IN SHAPE.

＜ポイント＞

- 科学単位とメートル法記号とを除き、図面には大文字を使うようにASME（米国規格）に規定されている。これは英語図面の基本的な表現法だが、小文字を使用している図面を多く見かける。
図面は縮小・複写されるので大文字で表現する。
- THE、AN は抜かさない。基本的な英語文法。
- IN SHAPE「形が」が抜けているなら英語センスを疑う。
- BE SIMILAR TO は「類似する」で、LOOK LIKE などの使用は図面英語では見かけない。
- この例文は、図面英語でなく一般英語であるが、基本英語のチェックになる。

例２：助動詞の使い分け

問題２：材料は UL 規格承認のもので、耐燃焼等級 94V-1 以上あること。

解答２：MATERIAL MUST BE UL RECONGNIZED AND HAVE A FLAMABILITY RATING OF 94V-1 OR BETTER.

＜ポイント＞

・ 助動詞は MUST または SHALL が好ましく、SHOULD や IS とするようなら助動詞の使い分けが理解できていない。
・ SHALL は「記載内容の履行と義務として強制される意図を持つ。法的な拘束力を持つという点では、最も強い助動詞である。」
・ MUST は、「記載事項をユーザーに義務付け、厳守させる。」
・ SHOULD は、「推奨・要請・要求あるいは軽い「義務」を表明する。」
その他の助動詞の説明は、第３章 3.1 助動詞の用法を参照。
・ UL RECONGNIZED の代りに、UL APPROVED、UL LABELED、UL LISTED などの表現も使用されている。
・ BETTER の代りに、HIGHER は使用できない。

例３：同等品の表現

問題３：ポリマー会社から購入。部品番号は 1234567 または ABC 社承認の同等品のこと。

解答３：MAY BE PURCHASED FROM THE POLYMER CORP., THEIR P/N 1234567 OR ABC APPROVED EQUIVALENT.

＜ポイント＞

・ MAY が適切。SHOULD、SHALL は強すぎる。
・ 「OR ABC APPROVED EQUIVALENT」、「または ABC 社承認の同等品のこと」は定型文。材料を指定する場合は使用しない。
・ THEIR P/N または HER P/N が一般的表現。THE はここでは無理な表現。

例４：ばりの用語の使い分け

問題４：分割線のばりは、最大 0.1mm のこと。

解答４：0.1 mm MAX PERMISSIBLE FLASH ON PARTING LINE.

＜ポイント＞

- 英語では0.1 mmであり、0.1mmと、数値と単位記号は連続させず、1スペース空ける。
- 0.1 mm MAXと表現するが、MAX 0.1 mmとは表現しない。
- ばりにはFLASHを使う。BURR（切断によるばり）、FLASH（成型・鍛造・鋳造によるばり）の使い分けをする。
- ONは必要。
- PERMISSIBLEはよく使う表現。ACCEPTABLE、APPROVEDはここでは不適切な表現。

例５：「貫通する」表現

問題５：穴は貫通していないこと。

解答５：HOLES MUST NOT BREAK THROUGH.

＜ポイント＞

- 助動詞は、ここではMUSTが適切。SHOULDは使わない。
- BREAK THROUGHのTHROUGHが必要。「貫通する」という意味を表すため。

例６：不良用語の選定

問題６：肉眼で判別できるひっかき傷・泡・その他の欠点がないこと。

解答６：MUST BE FREE OF VISIBLE SCRATCHES, BUBBLES AND OTHER OPTICAL IMPERFECTIONS.

＜ポイント＞

- 助動詞は、ここではMUSTが適切。SHALL、SHOULDなどは使わない。
- BE FREE OFは、「～がないこと」の定型句。
- SCRATCHES、BUBBLES、IMPERFECTIONSなどは複数形「S」が必要。これらの単語の使い分けもして欲しいところ。

例７：突出し位置の表現

問題７：押出しピンは、平滑（つらいち）にするか、最大 0.8mm 以内の凹み面とする。

解答７：EJECTION PINS TO BE FLUSH OR RECESSED 0.8 mm MAX.

＜ポイント＞

- FLUSH（平滑）、RECESSED（凹み）を使って欲しい。
- 英語では 0.8 mm MAX であり、0.8mm MAX のように数値と単位は連続させない。
- さらに、0.8 mm. MAX のように mm の後に「.」（ピリオド）は付けない。
- 突出し位置

PROTRUDE（突出し）　FLUSH（平滑、つらいち）　RECESSED（凹み）

例８：準拠する表現

問題８：部品は ABC 社の P/N 1234567 技術仕様書に基づき製作すること。

解答８：PARTS SHALL BE PRODUCED TO CONFORM TO ABC ENGINEERING SPECIFICATION P/N 1234567.

＜ポイント＞

- CONFORM TO、COMPLY WITH、COMPLIANCE WITH、IN ACCORDANCE WITH などがよく使われる。REFER TO は避ける。
  図面は技術指示であり、「参考まで」は不適切。「準拠すること」が必要。
- 「ABC 社」を一般に落としやすいので注意!!　この場合は翻訳なので落とすことはないと思うが、企業図面では、社名の記載がないものを見かける。
- 規格・標準書・技術仕様書などで、「……すること」という意味を表したい場合、助動詞は SHALL が適切。

例９：英訳できない表現

問題９：形状Ａの勝手反対で作成すること。

解答９：英語文は無いことが良い。

＜ポイント＞

・「**勝手反対・勝手違い・左右対称・ミラー**」も英語訳にする際に、理解できない問題として取り上げられている。直訳的英語も散見されるが利用は無理。理論的に確定できなく、直訳的英語でないこと。

・ 英語訳にして、外国で通じるかのセンスが必要。

例１０：「特に指定のない限り」の定形文

問題１０：組付け寸法公差は、特に指定のない限り±0.5mmのこと。

解答１０：MOUNTING DIMENTIONAL TOLERANCES MUST BE ± 0.5 mm
UNLESS OTHERWISE SPECIFIED.

＜ポイント＞

・ 「特に指定のない限り」は定形文であり、下記が米国規格・企業などで多く使われている。
 - UNLESS OTHERWISE SPECIFIED: 特に指定のないかぎり（最も使う）
 - UNLESS NOTED: 注記がなければ
 - UNLESS STATED OTHERWISE: 他に注記がなければ

・ TOLERANCESは複数形にする。

・ ±、－、＋ 記号と繰り返す長さを表す文字と数値の間は、１スペース空ける。 例: 2X R10、2 ± 0.5

【文献】

板谷 孝雄著「図面の英語例文＋用語集Ⅱ」ＡＩ（エーアイ）
板谷 孝雄著「英文技術書の作成＋用語集」ＡＩ（エーアイ）
板谷 孝雄著「技術者の実務英語」ＡＩ（エーアイ）

This page is left blank intentionally.

第 8 章　英語プレゼンテーション

Making Oral Presentations in English

グローバル化により、社外・社内でも英語によるプレゼンテーションを行う機会が増えている。
会議や打ち合わせのみならず、講義・説明会・発表会などでも英語を使用する機会が増えている。
準備にあたり、基本ルールをおさえ、先人たちのプレゼンテーションのフレーズを数多く学ぶことはとても有意義なことである。

プレゼンテーションが相手に通じているかどうか、こうした不安は多くの方に心当たりがあるだろう。もっともなことで、現在の現役世代は、学校教育や企業研修で、日本語であれ英語であれ「プレゼンテーション」について教育を受ける機会が少なかったと思われる。もし教育を受けていたとしても、使用する英語用語・略語も世界規格に準拠されているとは限らず、現在一般的に使用されている規格を網羅して正しく学べた人は少ないだろう。

海外の書籍・規格は、最初に用語の定義があり、その後に本論へと進む。
しかし、日本の多くの書籍は、いきなり本論から始まり、巻末に索引がある状態が多い。
このため用語・略語は標準化されにくく、説明する方も聴衆も混乱している。
悪いことに、ネットで検索しても「伝わらない英語」がはびこっている。

「8.1　プレゼンテーションの準備と実施」では、プレゼンテーションの役割、プレゼンテーションの進め方、話すポイント、スライド作成のポイント、効果的なプレゼンテーションの基本ルールを学ぶ。

「8.2　プレゼンテーションの決まり文句」では、1740フレーズで実務的な英語表現をたくさん掲載している。これらを参考にぜひ自身のスタイルを作り、プレゼンテーションを成功して欲しい。

目次

8.1 プレゼンテーションの準備と実施

Preparing and Delivering the Oral Presentation

8.1.1 プレゼンテーションの役割

The Role of Oral Presentation

プレゼンテーションの重要なポイントは、あなたの持っている課題を示すことだが、一方、専門家という印象を与える必要もある。
聞き手に課題を提示し理解を得るには、以下の点に気を付けると効果的である。

・協調性　Cooperativeness
達成するべき目標は問題を解決することだが、あなた自身の興味を提示することではないため、偏りのない内容を心掛ける。

・節度　Moderation
提示する問題点は所属する組織での問題点やその会社だけの問題解決ではない事例もある。節度のある内容であることも大事だろう。

・公平　Fair-mindedness
反論を受けたときは、反対の意見の観点の良さを認める寛容さが大事である。

・謙虚　Modesty
すべてのことを知っている訳でない場合で、専門的な内容は知っている担当者に、物事の本質を見抜く手助けを依頼するようにする。

8.1.2 プレゼンテーションの進め方　Delivering the Presentation

1)序論　Introduction （2 分）
これから話すことを簡潔に話す。
自己紹介、プレゼンテーションのタイトル・目的・主要ポイント・まとめを述べる。

2)本論　Body（12 分＝各主要ポイント 4 分x3）
各メインポイントについて詳しく話す。

3)結論　Conclusion（2 分）
確実に伝えておきたいことを繰り返し、言葉を換えて強調する。
結論、重要ポイントのまとめ、今後の見通し、質問をし易くする。

4)質問　Questions （4 分）
( )内の時間は、20 分のプレゼンテーションの場合に目安となる時間配分。

8.1.3 話すポイント　Tips for Speaking Good English

・音の強さ　Loudness
最後列の人に伝わるよう意識する。

・速さ　Speed
1分間で100～130語ほど。

・話の間　Pause
コンマは 1 秒間の切れ間、ピリオドは 2 秒間の間隔。
通訳では、1分間で100～120単語が最適スピードであり、150～200語になると誤訳が増えると言われている。（米倉万里氏　ロシア語通訳）

・時間つなぎの言葉　Verbal Fillers
「あのう」などの不要な時間つなぎの言葉を話さない。

8.1.4 スライド作成のポイント　Make the Slides Attractive

・1枚のスライドに１つのメインポイント
伝いたい情報を整理し、簡潔にまとめる。

・見やすい文字の使用
１枚のスライドに24ポイント以上の大きさの文字、Arial、Helvetica、
BIZ UDP ゴシックなどの文字が効果的。

・人称は出来る限り省く
例：
誤：You must enter the file's name.
正：Enter the file's name.

・ポイントを箇条書きにする　Consistent lists
構文を統一し、首尾一貫した列挙方法を心がけると読みやすくなる。
冗長な表現は避ける。

例：
誤：The system has four steps:
1. To analyze the sentence　（不定詞）
2. Tree transformation　（名詞）
3. Conversion of the tree　（形容詞句）
4. Translating　（動名詞）

正：The system has four steps:（システムには4つの手順がある。）
1. Sentence analysis　（1．文の解析）
2. Tree transformation　（2．ツリー変形）
3. Tree conversion　（3．ツリー転換）
4. Translation　（4．変換）

・正確に書く
スペルミスを避け、文法通りに書き略語の使用に注意する。

8.1.5 効果的なプレゼンテーションのポイント

How to Deliver Effective

・**姿勢と身のこなし**　Good Posture & Poise
背筋を伸ばす、体重を均等に、力を抜いてリラックス。

・**アイコンタクト**　Eye Contact
全体を 3 秒ほど見渡し、一人を見て、Z 型に会場を万遍に視線を送る。

・**手振り**　Hand Gestures
自分の手で番号を示すなどして、スライドを指す。

・**スライドを上手く使う**　How to Use Slides
1枚20秒間ほど表示する。

・**記憶の定着率**　Storing Fixation Ratio
耳から10%、目から30%、そして自らの体験・経験からは80%とのデータがある。

8.2 プレゼンテーションの決まり文句

A Set Formula of Presentation

プレゼンテーションの決まり文句を紹介する。

8.2.1 プレゼンテーションでの挨拶 Typical Expressions #8.2.1

・Good morning/afternoon/evening, everyone/ladies and gentlemen.
　おはようございます/こんにちは/今晩は、皆さん。
・Thank you Mr/Ms Chairperson.
　議長、ありがとうございます。
・I'd like to thank you all for coming today.
Thank you all for coming today.
　皆様、本日はお越し頂いてありがとうございます。
・I appreciate you all for taking the time to come.
I'd like to thank you for your time today.
　皆様、お忙しいところお時間を頂きましてありがとうございます。
・Thank you for taking time out of your business schedule.
　お忙しい中、お時間を取って頂きありがとうございます。
・It is my great pleasure to be here today.
　本日はお招き頂きまして誠に光栄です。
・I'm very glad to be here today.
　本日は、この場所にいられて大変嬉しく思います。
・Today, I would like to talk to you about our new product.
　今日は我が社の新製品についてお話したいと思います。
・I'd like to first talk about our existing product.
　最初に従来品についてお話します。

＊プレゼンの冒頭でアジェンダ(目次)を発表する表現です。このあと、「Secondly(次に)」「Thirdly(3つ目に)」「Finally(最後に)」と続けて説明していきます。

・So, let's start with the first agenda.
では最初のアジェンダから始めましょう。

・Now let's get started.
早速始めましょう。

・A warm welcome to you all. I'm looking forward to sharing lots of exciting ideas with you in this seminar.
すべてのみなさんを大歓迎いたします。たくさんのワクワクするようなアイデアをこのセミナーで皆さんと分かち合うことを楽しみにしています。

・Can you hear me?
(私が)聞こえますか？

＊Are you hearing me? 正しくない表現。Hear は単に向こうから音声が来るだけの行為性が低い同士であるため、行為がおこなわれていることを表す進行形には普通なりません。この場合は can を使って表現する。
Hear: 聞こえる。 Listen: (聞く)が「耳を傾ける」という積極的な動作を示す。

・I'd like to thank everyone for attending our last department meeting of the year.
今年最後の学部会議にお集まりいただき、皆さんに感謝したいと思います。

・It's good to have you here today.
今日ここにあなたをお招きできて嬉しく思います。

・It's great to be here.
ここに来ることができ、うれしく思います。

8.2.2 自己紹介　Typical Expressions #8.2.2

・My name is ...
私の名前は・・・です。

・I am...
私は・・・

・I am with ABC company.
ABC 社に勤務しております。

・I would like to briefly tell you about our company.
我が社について、手短にお話をしたいと思います。

・Let me give you some background information about us.
我が社の概要についてざっとお話させてください。

・First, I will introduce myself and then introduce my company.
まず自己紹介をして、それから私の会社を紹介します。

・Next, I would like to show you a short video of our company.
次に、私たちの会社についての短いビデオをご覧に入れたいと思います。

・I am a student of CDE University majoring in ...
私は CDE 大学の学生で、・・・を専攻しています。

8.2.3 トピックを明示する **(What)**　Typical Expressions #8.2.3

・Today, I'd like to talk about...
　本日は・・・についてお話したいと思います。

・I would like to show you ...
　・・・をご覧いただこうと思います。

・Today, I'm going to talk about ...
　今日は、これから・・・についてお話します。

・Today, I'm here to talk about ...
　・・・についてお話しに参りました。

・Today, I will explain ...
　今日は、・・・についてご説明します。

・The topic of my presentation is ...
　私のプレゼンテーションのトピックは・・・です。

・Then, I will outline the key features of this product.
　その後で、私はこの製品のカギとなる特徴を説明します。

・I will give more details about our sales figures later.
　のちほど私たちの売上高についてさらに詳細に述べようと思います。

＊give details：詳細を伝える。sales figure(s)：売上高　sales figures：（正式に公表された）数値のこと。

8.2.4 聞く理由付け （**Why**）　Typical Expressions #8.2.4

・After my presentation, you will be able to ...
　私のプレゼンテーションが終わったら、皆さんは・・・が出来るようになります。

・By the end of my presentation, I hope you will be able to ...
　私のプレゼンテーションが終わる頃には、きっと・・・が出来るようになります。

・This topic (information) will help you ...
　トピック（情報）は・・・するのに役立ちます。

・This topic will be important to you because ...
　このトピックは皆さんにとって重要です。なぜなら・・・です。

・You will need to understand (know) this because ...
　このことを理解して（知って）頂く必要があります。なぜなら・・・です。

・It is important to understand that....
…ということを理解することが重要です。

8.2.5 重要なポイントを示す　Typical Expressions #8.2.5

・I have three points that I would like to describe ...
3つのポイントについてご説明したいと思います。
・First, I'd like to talk about ...
まずは、・・・についてお話します。
・Second, I will have to talk about ...
2番目に・・・についてお話ししなければなりません。
・Third, I'm going to explain about ...
3番目に・・・についてご説明します。
・Here is the summary of what I'll be talking today.
本日これからお話する概要は次の通りです。
・Firstly, I'd like to show you ...
最初に・・・をお見せしたいと思います。
・Secondly, I'd like to give you an example of ...
2番目は、・・・の例を示したいと思います。
・Thirdly, I will talk about ...
3番目は、・・・についてお話します。
・Finally, I will summarize the main points.
最後にメインポイントを要約します。
＊同様に、First, ・・・。Second, ・・・。Lastly, ・・・。の形もあります。
・I'll cover four points.
4つのポイントについてお話します。
・To begin with ...
まずははじめに、・・・。
・Next, ...
次に、・・・。
・After that, ...
その次に、・・・。
・Finally, ...
最後に、・・・。

・The main purpose of this seminar is to explain how to improve・・・
　このセミナーの一番の目的は、・・・を如何に向上させるかです。
・Our number-one goal should be to boost their confidence.
　私たちの最優先すべき目標は、彼らの自信を高めてあげることです。
・Our aim is to increase sales by 10% this quarter.
　私たちの目標は、この四半期に10%の売上をあげることです。
・Our goal is to increase the use of renewable energy by 25%.
　私たちの目標は再生可能なエネルギーの使用を25%上げることです。
　＊ our goal is to: 目標設定に欠かせない形。
・The purpose of this presentation is to outline the unique benefits of our new product.
　このプレゼンテーションの目的は私たちの新製品が持つ独自の利点について説明することです。
　＊the purpose is to ～: このプレゼンテーションを行う理由の定型。
　＊outline: 概観する、要点を述べる。「説明する」は explain だけでない。

[参考]
For the purpose of ～　～の目的のために
For the sake of ～　～のために
For sale　売るための
What for ? 何のため？
What did you do that for ? あなたは何のためにそうしたのですか？
What did you come here for ? あなたは何のためにここに来たのですか？
For a rainy day　まさかの時のために

8.2.6 本論へのつなぎ（橋渡し） Typical Expressions #8.2.6

・Now, I would like to begin my presentation by showing you ...
　さてこれからプレゼンテーションを始めますが、まずは・・・をお見せします。
・Now, let me begin my presentation by asking you ....
　さて、プレゼンテーションを始める前にお尋ねします。
・Now, let's start by looking at ....
　では、まず・・・を見ることから始めましょう。

・Sorry to interrupt, but could I have a quick word. Please?
お話し中のところ申し訳ございませんが、少しお話よろしいでしょうか？
＊interrupt：さえぎる、割り込む （定番表現）

8.2.7 本題に入る Typical Expressions #8.2.7

・Now, I would like to explain ...
さて・・・を説明したいと思います。
・I'm here today to talk about ...
今日、ここでお話したいことは・・・です。
・The reason I'm here today is ...
今日、私がここに参りました理由は・・・です。
・Let me give you an outline of our plans.
私どもの計画の概要をお伝えします。

8.2.8 スライドに注目させる Typical Expressions #8.2.8

・Please look at this slide.
このスライドをご覧ください。
・Let's take a look at this slide.
このスライドを見てみましょう。
・Let's have a look at the next slide.
次のスライドを見てみましょう。
・Please pay attention to table1.
表１に注目してください。
＊pay attention to～：～に注意を向ける
・This slide shows/ indicates...
このスライドは・・・を示しています。
・This slide illustrates ...
このスライドは・・・を図解しています。

・If you'll look at this graph, you'll see ...
このグラフをご覧になると、・・・がお分かりいただけます。

・Looking at this graph, we can see ...
このグラフを見ると、・・・ことがお分かります。

・As you can see from this graph ...
このグラフからお分かりなるように、・・・。

・Please take a look at the top right line chart.
右上の折れ線グラフをご覧ください。
＊Please look at ～　でも同じ意味として使えます。
＊top right：右上の、bottom right：右下、top left：左上、bottom left：左下などと表現します。また、top の代わりに upper、bottom の代わりに lower も使います。

・This line chart shows the trend in the market share of our company.
この折れ線グラフは我が社のマーケットシェアの推移を表しています。

・The vertical line shows sales volume and the horizontal one sales days.
縦軸は販売数を、横軸は販売日を表しています。

・This graph shows the steady rise of our market share since the 1980s.
このグラフは 1980 年代以降、我々のマーケットシェアが確実に伸びていることを示しています。

・The yellow portion represents the positive response from our customers.
黄色い部分はお客様からの肯定的な答えを表しています。
＊「show」との使い分けに迷ったら、「意見や考えを表す」と言いたい場合に「represent」を使うようにします。

・The statistics indicate that our living standards has risen.
この統計は我々の生活水準が向上したことを示しています。
＊「show」に比べると、明白さに欠けることを言う時に使われます。断言を避ける時には「indicate」を使うといいでしょう。

・According to this chart, sales increased gradually.
このグラフによると、売上は徐々に増えています。
＊according to:「調査によると」や「アンケート結果によると」など、調査元を示す際に便利な言葉です。

・Compared with their products, ours are excellent in quality.
他社の商品と比較すると、我々の商品の質は勝っています。
＊compared with：～と比べると。 他社との比較、過去との比較などに使える。

・As a result, we could increase the sales by 10%.
結果として売上を 10%伸ばすことができました。
＊as a result：結果として

・As you can see from this graph, the longer you commute, the less happy you're likely to be.
　このグラフからわかるのは、通勤時間の長さは人の幸福度と反比例するということです。
　＊「The first things that you can see from this graph is ～（このグラフからまずわかることは～）」や「If you have a look at～、you can see ...（～を見ればおわかりになると思いますが、...）」などの表現もあります。

・Our product occupies 30 % of the Japanese market.
Our product accounts for 30% of the Japanese market.
　我々の製品は日本の市場の30%を占めています。
　＊円グラフなどで必須の表現の「occupy（占める）」。似た表現で「account for～（～の割合を占める）」もある。

・We expect the demand to increase 30% annually over the next few years.
　今後数年にわたって、需要が年30%の割合で増加することが見込まれます。
　＊expect A to ～:　A が～することが見込まれる

・The sales increases 3% from January to March.
　1月から3月にかけて売上は3%伸びています。
　＊increase：増加する。他に、rise、go up、grow などの動詞がある。

・The sales has decreased rapidly over the past few years.
　過去数年間で売上が急速に減少しています。
　＊decrease：減少する。他に、fall、decline、go down、drop などの動詞がある。

・This chart shows that the sales have remained flat over the last 3 years.
　このグラフから過去3年間売上が横ばいであることがわかります。
　＊remain flat：横ばい。同じ表現で、stay flat, stay the same, keep pace

・In 1980, magazine consumption increased significantly between April and June.
　1980 年の 4 月から 6 月にかけて、雑誌の消費は大幅に増加しました。
　＊significantly：大幅に。同じ表現で、substantially。

・After April, magazine consumption increased quickly until June.
　4 月以降 7 月にかけて、雑誌の消費は急速に伸びました。
　＊quickly：急速に

・The number of employees in our company is gradually increasing.
　我々の会社の雇用者数は徐々に増えていっています。
　＊gradually：徐々に。似た表現で、moderately、slowly。

・Magazine consumption went down slightly.
　雑誌の消費量はわずかに減少しました。
　＊go down: 減少する。　同じ表現で、decrease、decline。

・The price of land in Osaka is soaring.
大阪の地価が高騰しています。
＊sore: 右肩上がりに増える、数値などが上がり続ける、高騰する。
同じ表現で、ever-increasing 増え続ける。
・Magazine price has fluctuated over 10 years.
雑誌の価格はここ 10 年以上の間、上下変動を繰り返しています。
＊fluctuate: 上下を繰り返す、変動する、上下する。グラフの数値が上下を繰り返している。

8.2.9 聞き手を引き込むつなぎ Typical Expressions #8.2.9

・As you can see, ...
ご覧の通り、・・・。
・As you can see from this point, ...
この点からお分かりのように・・・。
・As you know, ...
ご存じの通り、・・・。
・As you are aware, ...
お気づきの通り、・・・。
・As you may know, ...
ご存じの通り、・・・。
・You may already know this, ...
既にご存じだと思いますが、・・・。
・As you may remember, ...
覚えていらっしゃると思いますが、・・・です。
・I think everyone's familiar with ...
皆さんは、・・・はお馴染みだと思います。
・As far as I know, ...
私の知る限りでは、・・・。
・In my opinion, ...
私の考えでは、・・・。
・To briefly summarize that ...
簡潔にまとめると、・・・。

・According to Plato, the story was passed down through the ages.
プラトンによれば、その話は遠い昔から伝えられてきました。
＊according to: 前置きが基本。 〜によると。

・I think you're right.
あなたの言う通りだと思います。

・Take it easy, Everything's going to be OK.
気楽にね。すべては上手く行きますよ。

・I think you're right.
私はあなたが正しいと思いますよ。

・In my place, what would you do?
私の立場だったとしたら、あなたはどうしますか・
＊in my place: 私の立場なら

・In your shoes, I would call her and apologize.
あなたの立場なら、彼女に電話して謝るでしょうね。
＊in your shoes: あなたの立場なら（＜＝あなたの靴を履いているなら）

・I appreciate your frank opinion.
率直なご意見ありがとうございます。

・You can make it.
あなたならできますよ。
＊相手を励ます決まり文句です。

・What makes you feel really proud?
何があなたをとても誇らしく感じさせますか？

・What has made you change your mind?
何があなたの気持ちを変えたのですか？

・It goes like this ・・・・
それはこんなふうに進みます・・・・・。

・Anything goes.
なんでもありです。（妨げられずに進行する様子を思い描いた頻用文。）

・Let me share my opinion about this issue.
この問題に関して私の意見を述べさせてください。

・What can I do for you?
あなたのために、私は何ができるでしょうか？

・Let's consider some options.
いくつかの選択肢を考えましょう。
＊Let's〜:「〜 しよう」は相手の手をグ〜っと引っ張るような勢いのある表現。
Shall we 〜？「〜 しましょうか」。相手の手をそっと取る、ソフトな勧誘です。 疑問

文形式であることも、このニュアンスを生み出す一因になっている。

・What's the problem, then?
それなら、何が問題なのですか？

・This job requires five years' experience. In addition, we also require a driver's license.
この仕事は 5 年の経験を要します。加えて運転免許も必要です。

［参考］

＊in addition：さらに、その上、加えて
in addition to～（～ に加えて）、additionally（さらに）
what's more （さらに、その上）、on top of that （その上）、
not only A but (also) B（A だけでなく B も）

・This website, for example, is good for finding great deals.
例えば、このウェブサイトはお得な情報を探すのに役立ちます。
＊for example：例えば（文頭に置くのがポピュラーですが、文中・文末における。for instance も同様な意味。）

・It's totally OK to make mistakes because that gives you precious opportunities to learn.
間違うのはまったく問題ないし、それは貴重な学習のチャンスを与えてくれるから。

・The point is not to be afraid of making mistakes.
大切なことは、間違いを犯すことを恐れないことだよ。

・Taro, sorry to bother (/trouble, /interrupt) you, but I'd like to hear you opinion about ～。
太郎、すみませんが～についてあなたの意見を聞きたいのです。

・Can you believe it?
信じられる？

・Believe it or not, ～。
信じて貰えるかどうか分かりませんが、～。

・You'll never believe this , but ～.
信じては貰えないだろうけど,～。

・Only time will tell.
時間がたてばわかるでしょう。
＊tell：「言う」と訳されますが、「メッセージを伝える」がイメージ。

・Let me make myself clear.
私の考えを明確に述べさせてください。

＊make the point clear: 趣旨をあきらかにする
Perfectly clear: 完全に明確に

・My point is that ～.
私が言いたいのは～です。

・The point I was trying to make is that ～.
私が言おうとしていたのは～です。

・What I really want to say is that ～.
私が本当に言いたいのは～です。

・What I'm saying is ～.
私が言っているのは～です。

・In short (/in a nutshell), we want to learn more about you.
要するに、私たちはあなた方のことをもっと知りたいのです。
＊in short、in a nutshell: 要するに。Nutshell は「木の実の殻」。それが「小さい・簡潔」と言う連想を生んでいます。

[参考]
Basically, ～: 基本的には
Essentially, ～: 本質的には
More or less ～: だいたいのところ

8.2.10 次の話題に移る Typical Expressions #8.2.10

・I've talked about ... Now, I would like to move on to ...
これまでは・・・についてお話しました。さて、今度は・・・に話を移そうと思います。

・I've told you about ... Are there any questions so far?
これまでは・・・についてお話しました。ここまで何かご質問はありますか？

・... has been the focus so far. Now I'd like to turn to ...
これまで・・・が話題の中心でした。さて、今度は・・・に話題を変えましょう。

・I'll soon move on to the key point of my presentation.
すぐに、このプレゼンテーションの主要ポイントに話を移します。

・I'd like to digress for a moment with an interesting anecdote.
少しの間脇道にそれて、興味深い話をご紹介しましょう。
＊for a moment: 少しの間。 anecdote: 逸話

・I will give more concrete examples later.
さらなる具体例については、のちほど提示いたします。

・I propose that we have a 30-minute break.
30 分の休憩をとることを提案します。

・We need to see the situation from a different perspective.
私たちは状況を別の観点から見る必要がある。

・Shall we take a break?
ちょっとお休みしましょうか？

・I don't want to go into too much detail.
私はあまりにも細かな内容に立ち入りたくはありません。

・So much for the project.
そのプロジェクトについては、ここまでにしておきましょう。

・I have a little suggestion here.
ここでちょっと提案があるのですが。
＊little suggestion:「それほど大した事はないのだけど」という遠慮。
small suggestion の場合は、文字通りの「小さな提案」で感情的色彩はなし。

・Now, let's move on to the next topic.
さあ、次のトピックに進みましょう。

・Now that we've cleared up this misunderstanding, let's move on.
今はこの誤解がスッキリ解けたのだから、話を前に進めよう。
＊ let's move on: 「次に進みましょう」を表す決まり文句。

・Two problems down, one to go.
2つの問題が片付いた、あとひとつです。
＊down: 消失、up: 出現

8.2.11 重要性を強調する Typical Expressions #8.2.11

・The most important thing about ... is ...
・・・について最も重要なことは・・・です。
・This is important because ...
このことは重要です。なぜなら・・・です。
・The important point is that ...
重要なのは・・・です。
・An important point is that ...
重要な点の一つは・・・です。
・The significance of this is that ...
ここで重要なのは・・・ということです。
・Safety has to be our number-one priority.
安全は私達の最優先事項であるべきです。
＊number-one priority: 最優先事項。Top priority: 最優先。
has to、should と組み合わせ「そうあるべきだ」と強調。
・Many people get their priorities mixed up. A good work-life balance is essential.
多くの人々は何を優先するか取り違えています。ワーク・ライフ・バランスが本当に大切なのです。
＊get ～ mixed up: ～を間違える。mixed up priorities: 優先事項をごちゃ混ぜに ＞ 何を優先するかを取り違える。
・You make a talented engineer. Mark my words.
あなたは優秀な技術者になりますよ。 私の言葉を覚えておいてください。
＊Mark my words: 私の言うことを覚えておいて、私の言うことをよく（注意して）聞きなさい。
・Don't take it the wrong way.
誤解しないで。
＊take は「受け入れる」＝＞ 考える
take ～badly/ well: ～を悪く/ 良く受け取る
Don't take it literally: 文字どおりに受け取る
Take it easy: (気楽にやりなよ)は「それが簡単だと考えて」
・This is important, so listen up everyone.
これは重要ですよ。だからよく聞いてください、皆さん。
＊Listen up（よく聞いて。） up は「注意力上がる」あるいは「顔を上げて集中する」といったニューアンスを添えます。

・On our website, you can view similar products side by side.
私たちのウェブサイトでは、似た製品を並べて見ることができます。
＊side by side：並んで　you can view：眺めることができる

・This is the most important issue we need to tackle.
これは私たちが取り組まなければならない最も重要な課題です。

・The truth will out.
真実は露見するもの。

・Just hear me out.
最後まで聞いて！

・I have something important to say
重要な話があります。

・What you're about to hear is of grave importance.
あなたがこれから聞くことは非常に重大です。
＊grave（重大な）は serious よりも深刻度があがります。

・I need your undivided attention, OK?
しっかりと注意して聞いてください、いいですか？
＊listen（耳を傾ける）、attention（注目）がポイント。
undivided（分裂していない）＋attention（注目）で「専心・しっかりした注意」

・Let's have a heart to heart.
腹を割って話しましょう。

・Let's be real for a moment.
ちょっと本音で話し合いましょう。
＊real：「うそ偽りのない本当のところを」のニュアンス。

[参考]
crucial decision: 極めて重大な決定
crucial mistake: 極めて重大なミス
crucial clue: 極めて重大な手掛かり
crucial data: 極めて重大なデータ

key aim: 主な目標
key area: 主な分野
key point: 主なポイント
key role: 主な役割
key issue: 主な問題

vital evidence / role: 極めて重要な証拠 / 役割
vital for survival: 生き残りに必要な
vital for recovery: 回復に不可欠な
vital for a leader: 指導者に不可欠な
vital for our success : 私達の成功に不可欠な
vital for Japan: 日本に不可欠な
＊vital は「生命に関わる」というイメージ、そこから「極めて重要な」の意味に。

speak up: 大きな声で話す
listen up: よく聞く
think up: 思いつく
come up with: 考え出す
be fed up with ～: ～にうんざりする

・This is a classic example of a stereotype.
これは固定概念の典型例です。
＊classic example：典型的な例
good example：良い例
interesting example：興味深い例
typical example：典型的な例
prime example：主要な例
obvious example：明らかな例

8.2.12 聞き手の理解度を確かめる Typical Expressions #8.2.12

・Do you know what I mean by …
　私が申し上げた・・・がお分かり頂けましたか。

・Do you know what … means?
　・・・がどういう意味かお分かりですか。

・Are you familiar with …?
　・・・は良くご存じですか。

・Are there any questions so far?
　ここまで何かご質問がありますか。

・Are you with me so far ?
　ここまではお分かりでしょうか。

・I hate to ask you this, would you mind keeping the noise down?
　こんなことを言いたくはありませんが、もう少し静かにしていただけますか？

＊ would you mind ～？と丁寧度の高い表現を使っているだけでなく、I hate to ask you this というクッションを周到に用いて、相手の気分を害さない配慮が幾重にもなされています。Could you possibly ～ ？(～ してくだいませんか？)も注意するために使うことができます。

・I always tell my students to think positive.
　私はいつも学生たちにプラス思考で考えるように言います。

・If I understand you correctly, you're saying (that) ～.
　私があなたの言うことを正しく理解できているなら、～と言っているのですね。

・Are you saying that ～?
　～と言っているのですか？

・So you're saying (that) ～, right?
　ということは、～と言っているのですね？

・Are you trying to say (that) ～?
　～と言おうとしているのですか？

・So what you really think is that ～.
　ということは、本当は～と思っているのですね。

・Let me get this straight. + (まとめ).
　これまでのところを整理させてください。 ～。

・Let me see if I've got this. + (まとめ).
　私が理解したか確認させてください。 ～。

・(まとめ) + Does that sound about right?
～それでだいたい合っていますか？

・If I understand you correctly, you're saying that we need at least four people for this project.
私があなたの言うことを正しく理解できているなら、このプロジェクトには少なくとも 4 人必要だと言っているのですね。

・So you're saying that it can't be done within the budget, right?
ということは、あなたは予算内ではそれは無理だと言っているのですね？

・Got it. Much appreciated.
わかった。 どうもありがとう。
＊Thank you でもじゅうぶんですが、Much appreciated.もよく使われる。

8.2.13 誤解について Typical Expressions #8.2.13

・Don't get me wrong.
私の言うことを誤解しないでください。

・I think you've misunderstood my main point.
あなたは、私の言いたいことを誤解していると思います。

・That's not what I meant.
それは私が言いたかったことではありません。

・We're obviously not on the same wavelength here.
この点で私たちは明らかに意見を異にしています。
＊on the same wavelength：(波長・考えが同じ)を否定して柔らかく「誤解」を表現。

・What I meant (/said) was that maybe we need some fresh ideas.
私が言いたかったのは、私たちは何か新鮮なアイデアが必要かも知れないと言うことです。
＊maybe(たぶん)を使って断言にならないように、相手に配慮している。
What I meant：私が言おうとしたのは

・That's not what I meant. Let me clarify my opinion again.
それは私が言いたかったことではありません。もう一度私の意見を明らかにしておきましょう。

・I'm not saying you're lying. What I'm saying is that I need to see the whole picture.
　君がうそをついていると言っているわけではありません。私が言っているのは、私は全体像を見る必要があるということです。
・Got it. You've been a great help.
　わかりました。すごく助かりました。

[参考]
・分かりました
I understand.
Understood,
OK.
Roger (that).
I see.
・I don't understand.
　理解できません。
・I don't have a clue.
　まったくわかりません。
　＊clue：手掛かり。手掛かりがないところから、「まったくわからない。」の意味。
・What are you talking about?
　何を言っているのですか？（心外なことを言われて）
・You lost me.
　ついていけません・

8.2.14　機密について　Typical Expressions #8.2.14

・This is strictly between you and me.
　ここは絶対にここだけの話です。
・This must stay private.
　これは内密にしてください。
・I'm telling you this in confidence.
　内密で話しています。

・You cannot tell anyone.
　誰にも言ってはいけません。
・This is not to be shared with anyone.
　これは誰にも話してはいけません。
・Promise me you won't say a word.
　何も言わないと約束して。
＊「とどめておいてね」の表現。
・Can you keep a secret?
　秘密を守れますか？
・You must promise to keep it to yourself, OK?
　誰にも言わないと約束しなくてはなりません、いいですね？
・Please keep it under your hat.
　秘密にしておいてください。
・Keep your mouth shut about it, OK?
　その件については黙っておいて、いいですね？

8.2.15 メインポイントを言い換えて強調する （締めくくりの前に）

Typical Expressions #8.2.15

・In conclusion, I'd like to go over the main points.
　結論として、これまでのメインポイントをおさらいしたいと思います。
・Let me get straight to the bottom line.
　結論を単刀直入に言わせてください。
＊the bottom line: 結論に、結局は。When all is said and done: 結局のところ(同様に使われる)
・I'd like to finish by briefly restating the main points.
　メインポイントを簡単に繰り返して終わりたいと思います。
・I'd like to finish my presentation by summarizing (reemphasizing) ...
　・・・を要約して(もう一度強調して)私のプレゼンテーションを終わりたいと思います。
・I'd like to remind you of the main points we've covered.
I talked about three main points.
First, I talked about ...
Second, I described ...

Finally, I told you about ...

これまでにお話したメインポイントを思い出してください。

私は3つのメインポイントについてお話しました。

最初は、・・・についてお話しました。

2つ目は、・・・について説明しました。

最後は、・・・についてお話しました。

＊first of all: (まず)第一に、on the whole: 全体として

・In my presentation, I've covered four main points.

I began with ....

Next, I spoke about ...

After that, I told you about ...

Lastly, I described ...

私のプレゼンテーションでは、4つのメインポイントについてお話しました。

まずは・・・から始めました。

次に、・・・についてお話しました。

その後で、・・・についてお話しました。

最後に、・・・をご説明しました。

・Remember ...

・・・を思い出してください。

・Don't forget ...

・・・をお忘れなく。

・Let me illustrate this point with some real-life examples.

このポイントを実際の例を使って説明しましょう。

・What made you change your mind?

どうして気がかわったのですか？

・The situation is getting more and more complicated.

状況はますます複雑になってきました。

・Watch and learn, OK?

見て学んでね、いい？

・I hope you don't mind my saying this.

こんなことを言っても構いませんか。

・Let' go over the plan one last time.

その計画を最後にも一度おさらいしておきましょう。

＊go over: 復習する・詳しく見る、one last time: 最後にも一度

・Nice idea. Let me think it over.
いいアイデアですね。よく考えさせてください。
＊think it over: あらゆる角度からしっかり考える。それをよく考える。
・If you pay close attention, you will notice this text shows the same solutions.
良く注意して見ると、このテキストは同じ解決法を示していることが分かるでしょう。
＊pay close (X near) attention: 細心の注意を払う
・Calm down! Everything's going to be OK.
落ち着いて！ 何もかも上手く行きますよ。
・I can tell by the smile in your eyes.
あなたの、そのにこやかな目を見ればわかります。
・He eventually changed the way we see the universe.
彼はとうとう宇宙に対する私たちの見方を変えました。

[参考]
This matter is of importance: この件は重要です。
of great / extreme / some importance: 大変 / 極度に / いくぶん重要な
of little / no importance: ほとんど / まったく重要ではない
The problem (trouble) is that ～: 問題は～と言うことです。
The thing is that ～: 問題(大切なこと)は～ということです。
That's a good idea.: それはいいアイデアですね。
I have an idea.: 私に考えがあります。
I agree with you to some extent.: ある程度あなたに同意します。
You can say that again.: （同意して）まったくそのとおり。

・We expected success. On the contrary, what we got was a failure.
私たちは成功を期待しました。それどころか、私たちが得たものは失敗でした。
＊on the contrary: それどころか
contrary to popular belief, ～: 通説に反して～
contrary to all expectations, ～: あらゆる予想に反して～
・Among other things, we need to talk about budget.
中でも、私たちは予算について話す必要があります。
＊among other things、among others: 中でも、とりわけ
best of all: 最もいいのは、とりわけ
worst of all: 何より良くない（困る）のは
least of all: 最も～ではない、～ する気など毛頭ない

・The trouble is that we have only a limited amount of time and money.
問題は、私たちには限られた時間とお金しかないということなのです。
＊the trouble is that: 唯一の問題は、最も重要な問題は（the がある）
One problem is 〜はあるが、a problem is 〜は使われません。
特に目立つ顕著なものをひとつ取り出すときの表現で、especially、particularly、the point is 〜も使う。

・Let me make myself clear.
私の考えを明確に述べさせてください。
＊make the point clear: 趣旨を明らかにする
Perfectly clear:「完全に明確に」と強調することもある。

・My point is that 〜.
私が言いたいのは〜です。

・The point I was trying to make is that 〜.
私が言おうとしていたのは〜です。
＊「私が主張しようとしていたポイントは」ということ。

・What I really want to say is that 〜.
私が本当に言いたいのは〜です。

・What I'm saying is 〜.
私が言っているのは〜です。

8.2.16 結論の始まりを伝える Typical Expressions #8.2.16

・Now, let's review the main points we've covered so far.
さて、ここまで取り上げたメインポイントについておさらいをしてみましょう。

・Now, let me summarize my presentation.
さて私のプレゼンテーションをまとめてみましょう。

・I'd like to conclude that …
結論としては、・・・です。

・To summarize, …
要約すると、・・・です。

・So in summary, …
要約すると、・・・です。

・In conclusion, …
　要するに、/ 結論として、・・・です。
・From this we can see that ….
　このことから・・・ということが分かります。
・From this we know that ….
　このことから・・・ということが分かります。
・It is clear from this that …
　このことから・・・ということは明らかです。
・It is clear that …
　・・・ということは明らかです。
・It is easy to understand from this …
　このことから・・・ということが直ぐ分かります。
・As you can see from this …
　このことからお分かり頂けるように・・・です。
・I'll be finishing soon, so please hold your questions for a few minutes longer.
　まもなく終えますので、あと数分程度質問をお控えください。
　＊hold your questions:「質問を自分のところに置いたままにしておく」の意。
・I sometimes get into trouble because people take my jokes seriously.
　私はときどき、私の冗談を人々が真に受けるため困ったことになります。
　＊get into trouble：トラブルになる、面倒なことになる

8.2.17　質問を募る　Typical Expressions #8.2.17

・Do you have any questions?
　何か質問はありますか？
・Are there any questions?
　何か質問はありますか？
・I'll take any questions you may have.
　皆さんからどのような質問でもお受けしましょう。
・This concludes my presentation. Are there any questions?
　この辺で終わりますが、質問があれば喜んでお受けします。
・Please raise your hand, if you have any questions.
　何かご質問があれば、挙手を願います。
・Are there any questions you would like to ask?
　何かお聞きしたいご質問がございますか？
・Are there any other issues we need to discuss ?
　何かほかに話し合うべき問題がありますか
　＊issue: 問題。「外に出る」イメージ。concern は、軽微な問題、issue は重要問題と区別している。Date of issue: 発行日
・No matter what the question is, you can count on me.
　質問が何だろうと、私を頼りにしていいですよ。
・Have you got any ideas?
　何か（改善する）アイデアはありますか？
　＊気楽にアドバイスを求める。
・Speak into the microphone, please.
　マイクに向かって話してください。
　＊speak into：　～の中に話す＞　～に向かって話す
・How much do you think it's worth?
　それがどのくらいの価値があると思いますか？
　＊参考：　It's worth $100.　$100 の価値があります。
・Ask away.
　（命令形で）何でも聞いて。（どんどん聞いて）
・(Is) everything OK?
　何も問題はありませんか？　（is は時折省略されることが be 動詞の特徴）
・Sorry, I can't hear you well.
　すみません、よく聞き取れないのですが。

・Questions, etc. will be dealt with later.
　ご質問、その他は、後ほど対応します。
・Could you please speak up? I can't hear you.
　大きな声で話していただけませんか？　聞こえません。
・Can I ask you something in private?
　個人的にあなたに聞いてもいいですか？
・Does anyone have any questions?
　どなたか何か質問はありますか？
・Sorry, I didn't catch you. Could you repeat that?
　すみません。よく聞き取れませんでした。繰り返していただけますか？
・Sorry? I can't hear well with all this background noise.
　何て言ったの？　周りがうるさくてよく聞こえません。
・Does anyone have any questions?
　どなたか何か質問はありますか？
・What do you think?
　どう思いますか？
・Could you share your opinion with us?
　あなたの意見を私たちと共有して頂けますか？
・What's your opinion about it?
　それについてどうお考えですか？
・We'd like to hear your opinion.
　あなたの意見がききたいのです。
・What are your thoughts on that?
What is your view on that?
　それについてのあなたの見解は、どういったものでしょう？
・Would you tell us what you think?
　あなたがどう思うのかお聞かせいただけますか？
・Would you tell us where you stand on it?
　あなたの立場をお聞かせいただけますか？
・What's your take on that?
　あなたはそれをどう見ますか？
・Is something wrong?
Is something the matter?
　何か問題はありますか？

＊What's wrong with you? 強烈な糾弾。「何が問題なのか」は、問題が既に存在することを前提とするからです。 漠然とした印象の something（何か）を使い、スロースタートするのも良いでしょう。

・What's the matter? Is there anything I can do?
どうしたの？ 私にできることは何かありますか？
＊温かい一言を添える流れを作ることも。

・It's only natural that you have questions. Ask away.
質問があるのはごく当然なことです。 何でも聞いてください。

・Is there an issue with it?
それについて問題がありますか？

・Give me your honest opinion of it.
あなたの率直な意見を聞かせてください。

・…And I'll take the next question from the lady in blue there.
・・・では、次の質問は、そちらの青い服の女性からお受けします。

[参考]

・Could you say that again, please ?
・I beg your pardon?（丁寧な聞き返し）
もう一度言っていただけますか？
・What did you say? （↗上昇調）
・Sorry?
・Excuse me?
・Pardon?
・Say that again?
何て言ったの？ （親しい間柄で。）

8.2.18　聴衆者からの質問　Typical Expressions #8.2.18

・Could you expand on that?
　その点について詳しく言ってくれませんか。
　＊expand: 細部まで広げて、広げる、展開する。
・Could you be more specific ?
　もう少し詳しく言ってくれませんか。
　＊specific: 具体的な、明確な、詳しい
・Could you elaborate on that?
　それに関して詳しく言って頂けますか？
　＊elaborate on: かたい印象の「詳しく述べる」。Care to elaborate? と, やや軽く使うことも出来ます。
・Can you say a little more about that ?
　もう少し説明してくれませんか。
・I don't quite follow you. What do you mean by that?
　あまりよく分からないだけど。それはどういうことですか？
・I don't get it. Could you explain that, please?
　分かりません。説明してくださいますか？
・If it's ok with you, could you share your opinion with us?
　よろしければ、あなたの意見を私たちに聞かせて頂けますか？
・Would you be willing to explain why?
　どうしてそうなのか説明して頂けますか？
・What are you trying to say ?
　何が言いたいのですか。
・You are saying it is based on fact?
　それは事実に基づいていると言うのですか。
・Excuse me, but could I say something here? I think you're giving us too much confusing information.
　すみませんが、ひと言言ってもよろしいでしょうか。あなたはあまりにも多くの分かりづらい情報を挙げているように思います。
・Do you mind if I add something here? What you're saying is correct, but we also need to look at this issue from a cultural viewpoint.
　ここでちょっと付け加えてよろしいですか？　あなたの言っていることは正しいですが、文化的な観点からこの問題を眺める必要もあると思うのですが。
　＊Do you mind if ～「してよろしいでしょうか？」の許可を求める丁寧な文。

・We're almost out of time. Could you quickly sum up your main points?
ほとんど時間がなくなってきました。 重要な点を手早く要約していただけますか。
＊out of ～：～がなくなって、sum up: 要約する、まとめる

・This is a difficult issue. Would you tell us where you stand on it?
これは難しいも問題です。あなたの立場をお話しいただけますか？
＊issue:「話し合って解決をしなくてはならない課題」のこと。problem は障害。
where you stand on～：「～に関してどこにたっているのか＝～に関するあなたの立場」を表す決まり文句。

・I don't seem to be able to reduce the cost. Got any great tips?
私はその原価を下げることができないようです。なにか凄いコツってあるのですか？
＊Got any great tips?： Have you got～？の省略形。
What do you recommend? あなたは何かおすすめでしょうか？
Do you have any suggestions? 何か提案はありませんか？
Any useful tips？ 何か役に立つコツはありますか？

・Let me ask you a few questions.
いくつか質問をさせてください。

・May ask a couple of questions about that point?
その点について2～3伺ってもよろしいでしょうか？

・Who do you think is the best person to contact?
コンタクトをとるのに、誰が最良の人物だと思いますか？

・I don't get it.
分かりません。

・I hope you don't mind me interrupting, but I think you're missing the point.
話を遮って気を悪くしないでほしいのですが、あなたはポイントを外していると思います。

・What do you suggest we do?
私たちはどうすればいいのか提案してくれますか？

・Stop talking behind my back.
陰でコソコソ話すのをやめて。

・That's so kind of you.
それは、たいへんご親切に。

・Happy now?
これで満足？（相手の不満に不承不承対応したあと、使われる決まり文句。「幸福な」からは程遠い使い方です。）

・Are you happy with the result?
あなたはその結果に満足していますか？

・Is there anything I can do to make it better?
それをより良くするために、私に何かできることがありますか？

・Hey, slow down!! I can't keep up with you.
ねえ、もうちょっとゆっくり！　私はあなたについていけません。

・Can you give an example?
何かひとつ例を挙げて貰えますか？

・Can (/May) I have a word with you ?
ちょっといいでしょうか？
＊問題や悪い知らせがある時に主に使われるフレーズ。

・What does that mean?
How do you mean?
それはどういうことですか？
＊how は「手段・方法」などを表す、what よりもどういったプロセスでそうした発言に至ったのかに力点が感じられます。

・（Would you）care to explain what you mean by that?
それはどういうことか説明していただけますか？
＊care は「気持ち（関心・注意・心配など）が向かう。

・How did you come up with that?
どうしてそんなことを思いついたのですか？
＊come up with：思いつく

・What caused you to think that way?
どうしてそんなふうに考えたの？

・What brought you to that conclusion?
どうしてそんな結論に至ったの？

・What's that supposed to mean?
What are you getting at?
What are you trying to say?
何を言おうとしているのですか？
何が言いたいのですか？

・How do you mean? I'm not following your logic.
どういうことですか？　あなたの理屈についていけないのですが。

・Stop beating around the bush and make your point.
回りくどい言い方はやめて、はっきり言ってください。

・Come (/Get) to the point, will you?
　はっきり言ってくれませんか？
・What are you getting at? You lost me.
　何を言おうとしているのですか？　話が見えません。
・Stop beating around the bush and come to the point, will you?
We have no time to waste.
　回りくどい言い方はやめて、はっきり言ってくれませんか？　私たちには無駄にする時間はないのです。
＊no time to waste：浪費する時間（はない）ということ。
・How come they built it?
　どうして、人はそれを作ったのでしょう？
・To what end did you do that?
　どんな目的でそれをしたの？
＊to what end：どんな目的に向かって
・How did that come to pass?
　どうしてそんなことが起こったのですか？
＊come to pass：起こる。どういったプロセスなのかに力点の置かれた表現。
・Would you mind if I asked you a personal question?
　個人的な質問をしてもよろしいでしょうか？
・Could you say a little more about that?
　それについて、もう少し詳しくお聞かせ願えますか？
・Tell me (/Let me know) more about ～.
　～についてもっと教えてください。
・What exactly are you saying?
　具体的にあなたは何を言っているのでしょうか？
＊ exactly：正確に （発言の厳密性と具体性を要求している。）
・Tell me in detail.
　詳しく教えて。
・Could you go into more detail on that.
　それをもっと詳しく説明してくれますか？
・Could you explain that in a little more detail?
　それをもう少し詳しく説明してくれますか？
＊detail（詳細）、explain（説明する）関連。In detail（詳細に）、go into（more） detail（もっと）詳細に説明する、detail explanation（詳細な説明）、spare no detail（細部にわたって説明する。）

・What other (/further information) can you provide?
ほかに/さらにどんな情報を提供できる？
＊further は「さらに深く、それ以上の」。
・I need more (info) than that.
それよりもっと情報が必要です。
＊than that： 相手が提供した詳細よりも。それよりもっととの気持ち。
・That's too much information.
それ以上聞きたくありません。
・Could you expand on that a little more? I'm curious what you mean by going digital.
それについてもう少し詳しく説明して頂けますか？ 「デジタル化」が何を意味しているかに興味があります。

[参考]
・カジュアルな表現：
As in (what)? 例えば
Like how? どんなふうに？
How so? どうして？ （どういったプロセスでそうなりますか？）

8.2.19 質問の意味を確認する　Typical Expressions #8.2.19

・Could you repeat your question please?
　恐れ入りますが、ご質問を繰り返して頂けますか？
・I'm sorry, but could you speak more slowly?
　申し訳ありませんが、もう少しゆっくり話して頂けませんか？
・I believe your question is ...
　ご質問は・・・ということでしょうか？
・Are you asking that ...
　お聞きしたいことは・・・ということでしょうか。
・If you mean that ～
　If you are saying that ～
　If I understand you correctly that ～
　（自分の言葉に置き換えて）～ですね。
・What sort of problem ?
　どのような問題ですか？
・We're working on the problem now.
　私たちは現在、その問題に対処しています。
　＊work on：～に取り組む、対処する。
・Is that all?
　それがすべてですか？
・Will you stop beating about the bush and just say what you want to say?
　遠回しに言うのは止めて、言いたいことをただ言ってくれますか？
　＊beat about/around the bush: 遠回しに言う、はっきり言わない
　come to the point: 要点を言う、言いたいことを言う
・What exactly are you getting/driving at? Just spit it out!
　ズバリ何が言いたいのですか？　はっきり言ってください。
　＊spit it out：口の内容物を「吐き出す」＞＞ はっきり言う
・Could you come to the point? We're running out of time.
　要点を言って頂けますか？　時間がなくなってきましたよ。
　＊could you をつけてやや丁寧に相手をせかしている。
・What are you driving at? You can be frank.
　何を言おうとしているのですか？　率直に言ってもらってかまいませんよ。
　＊frank：率直な、自由に、ストレートに。canは気軽な強化を表している。

・Which article are you taking about ?
どの記事について言っているのでしょうか？
・Are you saying it was just an economical effect ?
それはただの経済効果だったというのですか？
・I'll be with you in a minute.
すぐにそちらに参ります。
＊in a minute：すぐに
・What are you listening to ?
あなたは何を聞いているのですか？
・May I ask (you) a couple of questions about that point ?
その点に関して2～3個伺ってもよろしいでしょうか？
・Can(May) I ask (you) one more question?
もうひとつ質問をしてもいいですか、(よろしいですか)？
＊a few more questions: いくつかの質問がある場合
・Can(May) I ask (you) a private question?
立ち入った質問をしてもいいですか、(よろしいですか)？
＊May I ～？：固く丁寧なバージョン
・What makes you think that?
どうしてそう思うのですか？
・You shouldn't jump to conclusions.
あなたは結論に飛びつく(＝早合点する) べきではありません。
・Could you say that again, please?
どうかもう一度おっしゃって頂けますでしょうか？
・Please don't take this the wrong way.
どうか誤解をしないでください。
・Sorry, what did you say?
すみません、あなたは何と言いましたか？
＊相手に聞き直すときは上昇調を使う。
・What/How do you mean by that?
それはどういう意味ですか？
・How much do you think it's worth?
それがいくらぐらいの価値があると、あなたは思いますか？
＊答えは、It's worth 20 dollars. などと答える。

8.2.20 質問に答える　Typical Expressions #8.2.20

・I don't think we should take the risk.
私は危険を冒すべきでないと思います。
＊shouldn't: (すべきでない)は相手に注意やアドバイスを与える際によく使われます。
それでは少々「当り」が強く感じられるときには、この I don't think を組み合わせて和らげる。

・Well, I suppose you 're right.
そうですね。あなたの言うとおりでしょう。
＊相手に同意しながらも諸手を挙げての大賛成ではありません。
wrong（間違っている）と直接言わない工夫を凝らすのも。

・What you say is correct. I'm glad you mentioned that.
あなたの言うことは正しい。言ってくれてありがたく思います。
＊mention： 短く述べる、触れる。

・Well, I forgot!
えっと、忘れた。(こんなこともありますが、次の「考えさせて」のニユアンスも。)

・Let me see... How can I put it ?
えっと...。何て言おうかなぁ。(気楽な感じで)

・I know... It's ....er, it's on the tip of my tongue. No. It's gone!
知っているよ・・・・。 それはね・・・・えーっと、ここまで出かかっているのだけど。
ダメだ。 思い出さない。
＊tip は「先」。舌先に載っているけど、口から出てこないということ。

・It's as simple as that.
ただそれだけのことなのです。

・That's an excellent idea, Let's share it with all the team at today's meeting.
素晴らしいアイデアです。 チームのみんなと今日のミーティングで共有しましょう。

・I think everyone is in favor of the proposed changes.
皆さんは提案された変更に賛成だと思います。
＊in favor of: 指示・賛成して。 fully support は～を完全に支持する。

・It's worth a try. Nothing ventured, nothing gained, right?
やってみる価値はありますね。「虎穴に入らずんば虎児を得ず」ですよね。
＊It's worth a try： やってみる価値がある。
Nothing ventured, nothing gained： 危険を冒さなければ何も得られない。
(ことわざ。)

・That's a wonderful idea. Why didn't I think of that?
すばらしいアイデアです。 どうして私はそれを思いつかなかったのだろう。
＊think of: 考え付く

・It's definitely worth a try.
絶対にやってみる価値はあります。
＊definitely: 絶対に、間違いなく。 会話に勢いをつけている。

・I appreciate your advice. But I don't think that will work.
アドバイスに感謝します。でもそれではうまくいかないと思います。
＊work: 上手くいく。 thank you より appreciate はしっかりと「感謝する」意味。

・Are you interested in knowing more about our campaign?
私たちのキャンペーンについてもっと知ることに興味がありますか？
＊are you interested in ～？ で気楽な聞き方。

・Oh, it's on the tip of my tongue.
ああ、喉まで出かかっているのだけど。
＊nothing comes to mind: 何も浮かばない。nothing springs to mind 頭（心）に浮かぶも同様表現。

・Everything is going to be OK. Trust me.
すべてはうまくいきますよ。 私を信じてください。

・There's no time like the present. Let's do it!
今に勝る時はありません。やりましょう！
＊Let's do it!: さらに相手の背中を押している。

・It's now or never. So, grasp this golden opportunity.
チャンスはこれっきりですよ。だからこの千載一遇（せんさいいちぐう）のチャンスをつかんでください。
＊It's now or never: 機会は今しかない
golden opportunity: 絶好の機会、またとないチャンス

・Right, but there are more important things to consider.
そうですね。でも考えなければならないもっと大事なことがあります。

・That's interesting, but it's not exactly connected to our present topic.
それは興味深いですが、必ずしも私たちの現在のトピックにつながりません。

・Think about it like this.
それについてこんな風に考えてみよう。

・Try to see it from another point of view.
別の見方から見るようにしてください。

・You need to review this from a different angle.
あなたはこのことを違った角度から眺める必要があります。

・I hope my talk will help you see things in a different light.
私の話が、あなたが物事を異なった観点で見る助けになればいいのですが。

・You have to look at this issue with fresh eyes.
あなたはこの問題を新しい観点でみなければなりませんよ。

・Have you ever thought about it this way?
それについてこんなふうに考えたことはありますか。

・Your idea sounds fine.
あなたのアイデアは問題なさそうですね。

・This is information on which you can definitely rely.
これはあなたが絶対頼りにすることのできる情報です。
＊you can definitely rely on: あなたは絶対～に頼ることができます。

・We can take a break after this short video.
私たちはこの短いビデオを見たあと休憩がとれますよ。

・On social media, she's very outspoken, but in person, she's quiet and shy.
ソーシャルメディアでは、彼女はずいぶん率直な物言いをしますが、実際に会うと、もの静かで、内気なのです。
＊outspoken: 率直な。 in person: 実際に会うと。

・That's a tough question.
難しい質問ですね。

・I'll see what I can do for you.
あなたのために何ができるか考えてみるわ。

・I'm not sure, but I think their first report was titled "Game Change"
良く分かりませんが、私は彼らの最初のレポートは「ゲームチェンジ」というタイトルだったと思います。

・Nothing comes to mind.
何も思いつきません。

・I'm no expert, but I know some things.
私はまったく専門家ではありませんが、ある程度のことなら知っています。
＊no を使えば「まったくそうじゃない」という強い感情を乗せることができるのです。not を使えば単なる否定となり「私は専門家ではありません」と言うまで。

・I believe it's a great idea.
素晴らしいアイデアだと思います。
＊I think より強くフォーマルな感触を漂わせます。

・We reached the conclusion that the plan won't work.
その計画はうまくいかないという結論に、私たちは達しました。

・Turn to page 38.
38頁を見てください。

・Times have changed.
時代は変わったのです。

・May I ask you to look over my article?
あなたに私の記事に目を通すよう頼んでもよろしいですか？

・I suggest visiting our website.
私たちのウェブサイトを見ると良いですよ。

・Let me explain the rules.
ルールについて説明させてください。
＊explain：他動詞。「～について」に引きずられて about は不要。

・This latest study illustrates how serious the problem has become.
この最新の研究は、その問題がいかに深刻になっているかを（わかりやすく）説明しています。
＊illustrate：「わかりやすさ」がポイント。

・Technology has brought about many changes in our lifestyles.
テクノロジーは、私たちのライフスタイルに多くの変化を引き起こしました。
＊bring about: 引き起こす

・This is based on a true story.
これは実話に基づいています。
＊a true story、a real-life story、an actual story: 実話

・You can write answers in pen or pencil.
解答はペンでも鉛筆でもかまいません。

・Please turn over the page (one by one)?
ページを（1 枚ずつ）めくってください。
＊turn over the page：ページをめくる

・It'll get easier with time.
それは時と共に簡単になっていきます。

・Promise me to keep it to yourself.
秘密にすると約束して。

・Keep to the rules and you'll be fine.
規則を順守しなさい。 そうすれば問題ありません。

・We'll get through this.
私たちはこの状況を乗り越えますよ。

・We need completely new way of thinking.
私たちはまったく新しい考え方が必要です。

・I need time to think about it.
私には、それについて考える時間が必要です。

・That's just what I thought.
それは、まさに私が考えていたことです。

・It's just a little disagreement. I'm sure they'll work thing out.
ちょっとした意見の相違ですよ。きっと彼らは何とかすると思います。

・We think every customer is precious.
私たちは、すべてのお客様が大切だと考えています。

＊every: all が全部をひっくるめる「全部」に対し、every は「どの～もみんな」個個に意識が及んでいます。

＊precious：大切な、貴重な

・You can make it if you try hard.
頑張ればできますよ。

・For more information, check out our website.
詳細については、私たちのウエブサイトでご確認ください。

・Let me give you a piece of advice.
ひと言アドバイスをしてあげましょう。

・In short [In a nutshell], we want to learn more about you.
要するに、私たちはあなた方のことをもっと知りたいのです。

＊In short, in a nutshell: 簡潔に（手短にポイントを述べることも効果的です。）

・The point I was trying to make is that there's no need to rush.
私が言おうとしていたのは、急ぐ必要はまったくないということです。

・That feels better.
それはよりよい感じがします。

・It was easier than I thought.
思ったより簡単でした。

・It has its good and bad side.
それは良い面も悪い面もあります。

・It's better not to worry about that.
それについては心配しない方が良いですよ。

・It's best not to worry about that.
それについては心配しないのが最善ですよ。

・Allow me to share my advice on this topic.
この話題に関して私にアドバイスさせてください。

・Allow me to demonstrate how to do it.
そのやり方を私に説明させてください。

・It makes sense.
それは理にかなっています。(筋が通っている)

・That's for sure.
それは間違いないね。(確かにその通りです。)

・The generation gap should not be overlocked.
世代間相違を見逃すべきではありません。

・It should be remembered that we're after the same thing.
私たちが同じものを追いかけているということは、覚えておくべきですよ。

・Sounds good.
Ok.
Sure thing.
That works for me.
No problem (at all).
No trouble (at all).
いいですね。

・I know about Beethoven.
ベートーヴェンについて知っている。(～にまつわる様々なことを知っている。)

・I know of Beethoven.
ベートーヴェンについて知っている。(名前や評判を聞いたことがある。)

・I can tell the difference.
私にはその違いがわかります。

・I can't tell the difference.
私にはその違いがわかりません。

・It's best to keep her in the loop.
彼女に常に最新情報を知らせて置くのがいちばんです。
＊keep her in the loop： ～を輪の中に入れておく ＞ ～と最新情報を共有する。
Loop のよくある使い方。

・Sound interesting
面白そうですね。

・It is my goal that people recognize we are connected to the past.
私の目標は、私達が過去とつながっていることに、人々が気付くことです。

・That's what I mean.
それは私が意味していることです。

・What do you mean?
どういう意味でしょうか？

(20.1) 質問に同意的に答える

・I agree with you to a certain extent.
私はある程度あなたに同意します。
＊certain: 範囲が分かっている場合

・I feel the same way.
私も同じように感じています。

・I couldn't agree more.
まったく同感です。(やろうと思っても、これ以上賛成できないでしょう＝大賛成)

・I'm all for that.
大賛成ですよ。

・I agree with you.
あなたに賛成します。

・I think so, too.
わたくしもそう思います。

・That's a good point / idea.
いいポイント (アイデア)ですね。

・Do you agree?
Are you on board?
賛成ですか？

・Are you for or against the plan?
計画に賛成ですか、反対ですか？

・I can get behind that idea.
そのアイデアは支持できます。

・That's an excellent point. I hadn't considered the problem from that angle.
素晴らしい論点です。その角度から問題を考えたことはありませんでした。

・What a (stupid) question!
何と言う(ばかげた)質問なのでしょう！ Stupid は省略も。

・I wasn't expecting you to ask such a thing.
あなたがそんなことを尋ねるとは思っていませんでした。

・I suppose you have point there.
あなたの言うことには一理あると思います。

・I think I agree with ～
～に同意できると思います。(I think を使って断定を避けた言い回し。)

・I agree with most of what you're saying.
あなたの言っていることの大部分に賛成です。

・I agree with the main thrust of your opinion.
I agree with the gist of your idea.
あなたの意見の趣旨に賛成です。

・I agree with you up to a point.
あなたのある程度の意見に賛成です。

＊most（ほとんど）、main thrust（趣旨・要点）、gist（要点・骨子）、up to a point（ある程度）をつければ、「すべてではない」ことをにおわせることができる。

・You're probably right.
あなたはおそらく正しいです。 probably（たぶん）で完全な同意から距離をおく方法。

・I think I agree with most of what you're saying. I'd like some time to consider your suggestion, though. Can I sleep on it?
あなたの言っていることの大部分に同意できると思います。ですが、あなたの提案を考える時間が少し欲しいのです。 一晩考えてもいいでしょうか？

＊I think と most of を用いて、念入りに距離を取っている。
sleep on ～: ～を一晩考える

・You're probably right. Maybe switching jobs so soon isn't such a good idea.
あなたはたぶん正しい。もしかすると、そんなにすぐに仕事を変えるのは、あまりいい考えではないかもしれません。

・I can imagine how you feel.
あなたがどんな気持ちなのかわかるよ。

[参考]
absolutely. まったくその通り。
100%. 100% そうだよね。
That's for sure. 確かにそのとおり。
You've got that right. 確かにそのとおり
You can say that again. その通りです。

You could be right. あなたは正しいかもしれません。
That could work. それで上手くいくかもしれません。
That could be an opinion. それも選択肢のひとつになりえるかもしれません。
That might be doable. やれるかも知れません。

(20.2) よくあることを伝える

・It's normal for a husband to do housework.
夫が家事をするのは普通のことです。

・Wearing suits is the norm here.
ここではスーツ着用が標準です。

・It's quite common for siblings to argue.
兄弟姉妹が口論するのはかなりよくあることです。

・His ideas were run of the mill / garden variety/ ordinary.
彼のアイデアはありふれたものだった。

・I could do that.
私は、それをできるかもしれません。
＊could を用い、「できるかなぁ」と控えめな表現。

・I just know. Have faith!
分かるんですよ。信じて！

・Things may seem tough now, but everything will work out later.
今の状況は厳しく思えるかもしれませんが、この先、何もかもうまくいきます。

(20. 3) 正しい道筋を伝える

・You're on the right track!
あなたは正しい方向にあります！

・This draft isn't perfect, but you're on the right track. Keep revising it.
この下書きは完ぺきではありませんが、あなたは正しい道筋にあります。修正を続けてください。
＊draft：下書き、草稿。revise: 改訂する、修正する

・That's right / correct.
それは正しい。

・You're right / correct.
君は正しい。
＊correct：正確な、間違いがない。 right：道徳的な深みも感じられる。

・You're probably right.
あなたは正しいのでしょうね。

・I imagine you're not far off.
あなたは、それほど外れてはいないと思います。

・You might be true.
ひょっとすると、その通りかもしれません。

・Your comments at today's meeting were spot on. I couldn't agree more with what you said.
今日の会議でのあなたのコメントは、どんぴしゃでした。おっしゃったことに大賛成ですよ。

＊spot on: どんぴしゃである、完全に正しい （勢いのある表現）
＊I couldn't agree more: 大賛成です、まったく同感です

・I suppose you're right. It couldn't hurt to give your idea a try.
あなたはただしいのでしょうね。 あなたのアイデアを試しても害にはならないでしょう。

＊hurt: 傷付ける、痛む、その他に害になる、困ったことになる。
couldn't hurt: 控え目に「害にはならないでしょう」

・It's safer to make a backup copy.
バックアップを作っておくほうが安全です。

・You should avoid anything risky.
リスクのあることを避けるべきです。

・You should stay/ keep away from anything risky.
リスクのあることに近づかないようにするべきです。

・Don't take risks.
リスクを冒すな。

＜参考＞

from my point of view: 私の見解（考え）では
judging from ～: ～から判断すると
from what I hear: 聞くところによると
basically, ～: 基本的には （よく使うフレーズ）
essentially, ～: 本質的には
more or less, ～: だいたいのところ～

(20. 4) 目標を伝える

・My goal / aim is to eliminate poverty.
私の目標は、貧困を根絶することです。

・I will / am going to / want to / would like to become an astronaut.
私は宇宙飛行士になります / なるつもりです / なりたい / なりたく思います。

・What's your endgame?
あなたの目標は何ですか？

・It's my goal that all of my clients have the chance to succeed.
私の目標は、私のお客様すべてが成功の機会をつかむことにあります。

・My aim is to increase awareness about the dangers of high blood pressure.
私の目標は、高血圧の危険性ついての関心を高めることにあります。

(20. 5) 決定・決心を伝える

・I've decided to do something totally different.
私はまったく違うことをすることに決めました。

・I made a quick [snap] decision to ～
私は～をする、素早い決定をしました。
＊snap：パチン(と音を立てる、と折れる)。
made a snap decision: 指をパチンと鳴らして(素早く) 決定すること。

・I made a difficult / big / tough / poor decision to ～.
私は～をする、難しい / 大きな / 厳しい / お粗末な(不適切な)決定をしました。

・I've reached [come to] a decision to ～
私は～をするという決定に至りました。

・That was a tough call.
それは厳しい決断でした。
＊call: (典型的には2者間の)決定・選択の意味。スポーツの審判は声を上げて判定します。声を上げることと判断は近い位置にあるのです。

（20．6） 判断がつかないことを伝える

・He is on the fence.
彼は決めかねています。
＊on the fence： 決断しかねているのを表現。 他に sitting on the fence も使われる。

・I haven't decided if [whether] I want dessert.
私はデザートが欲しいのかどうか判断しかねています。

・I don't know [am not sure] if I'm ready for marriage.
私は自分が結婚の準備ができているかどうかわかりません。

・Alex is still on the fence about our plan. Can you talk to him.
アレックスは、私達の計画についてまだどっちもつかずなのです。 彼と話をしてくれますか？

・It's been on my mind for a while.
それは暫くの間、私の気にかかっていました。

（20．7） 決意を伝える

・I won't let you down again!
私はあなたを二度と失望させません！

・I will remember.
覚えておきます。

・I will never give up.
決してあきらめません。

・I will never forget this.
これを決して忘れません。

・I'm not going to change my mind.
考えを変えるつもりはありません。

・I'm not going to disappoint you.
あなたをがっかりさせるつもりはありません。

・I'm determined to find the truth.
真実を見つけることを固く決意しています。

・I' m determined not to fail.
失敗しないことを固く決意しています。

・I'm determined not to repeat my mistake.
　間違いを繰り返さないことを固く決意しています。

・I will never do it again. I promise!
　私は二度とそんなことはしません。約束します。

・I won't give up no matter what happens.
　私は何が起ころうかがあきらめません。

・I'll master English no matter how long it takes.
　私はどれだけ長くかかろうと英語をマスターします。

・I'll do that (even) if it's the last thing I do!
　何が何でも、私はそれをやります。

＊if it's the last thing I do:「それが私の（人生で）行う最後のことであっても」。そこから「何が何でも」。

・I'll do that (even) if it kills me!
　それがどれほど大変でも、私はそれをやります！

＊if it kills me:「それで死ぬような目にあっても」。

・I will stay positive whatever the critics say. I believe in myself.
　批評家が何を言おうが、私は前向きであり続けます。私は自分を信じています。

・Nobody's forcing you to read it.
　誰もあなたにそれを読むことを強制していません。

（20．8）　決断を促す

・It's now or never.
　今を逃せば後はありません。（＝今でしょう！！）

・If not now, when?
　今やらなくて何時やるのですか？

・Seize the day!
　先延ばしにしないで機会をつかんで！

＊Seize the day!:「その日を掴め！＝今を生きろ！「機会をとらえなさい」という力強い後押し。

・If you don't do it, who will?
　もしあなたがそれをしないなら、誰がするのですか？

・If you don't do it, someone else will.
もしあなたがそれをしないなら、誰か他の人がしてしまいますよ。
＊ほかの人を引き合いに出し、鼓舞する言い回し。

・You'll never get a better opportunity,
もっといい機会を得ることはありません。

・There's no time like the present.
今に勝る時はありません。

・Who better than you?
君より適任な人は誰がいますか？（定型句）

・What better time than now?
今より適した時はありますか？

・It's now or never. You'll never get a better chance to study.
今を逃せば後はありません。あなたは勉強する、よりよい機会を得ることは決してないでしょう。

・There's no time like the present. Go for it! Fortune favors the bold, you know.
今に勝る時はありません。やってみなよ！　運は勇敢な者の味方をするんだ、知っているよね。
＊Go for it：やってみて、頑張れ！
Fortune favors the bold:「運は勇敢な者の味方をする」[ことわざ]

・Look, if you don't do it, someone else will. You'll regret it every day.
いいかい、もしあなたがそれをしないなら、誰か他の人がしてしまいます。毎日後悔しますよ。
＊regret：後悔する

（20．9）様子を見たい

・Things are still up in the air, though.
でも状況はまだはっきりしていません。

・Things are still in motion.
状況はまだ流動的です。

・Let's wait for the dust to settle.
誇り（状況）が静まるのを待ちましょう。

・Try again after things calm down a bit.
状況が少し落ち着いたらもう一度やってください。
・Give it time for things to settle down.
状況が落ち着くのを待ちましょう。
・Let's wait a bit.
少し待ちましょう。
・ Let's wait a bit. The problem might go away naturally.
少し待ちましょう。 その問題はひょっとすると自然になくなるかもしれません。

（20．10） 一度ひいてから自説を展開

・Yes, but ～　ええ、ですが～
That's true, but ～　その通りですが、～
Right, but ～　そうですが、～
Exactly, but ～　本当にそうですが、～
Very true, but ～　まさにそうですが、～ （洗練された感じ）
That's interesting, but ～　それは興味深いですが、～
That's a nice thought, but ～　それはいい考えですが、～
That would be nice, but ～　それはいいかもしれませんが、～
I can understand how you feel, but ～　お気持ちはわかりますが、～

・Exactly, but that doesn't mean we can ignore the rules.
本当にそうですが、それは私たちが規則を無視していることを意味しません。
・I can understand how you feel, but there's nothing we can do about it now. You'll have to wait until tomorrow.
お気持ちはわかりますが、それについて今私たちができることは何もありません。
あなたは、明日まで待つしかありません。

(20. 11) 一部同意してから押す

・You're right up to a point, but ～
You have a point, but ～
一理ありますが、～
＊up to a point: ある程度まで
・I can see your point, but ～
I see what you're saying [what you mean], but ～
おっしゃることはわかりますが、～
＊point: 論点、主張
・I get where you're coming from, but ～
あなたがどうしてそう言うのかはわかりますが、～
・I agree with you up to a point, but we need to see things from a broader perspective.
私はある程度あなたと同意見ですが、私たちはより大きな視点から物事を見る必要があります。
・You have a point, but scientific evidence points to a different cause.
一理ありますが、科学的証拠は違う原因を指し示しています。
＊evidence: 証拠。 cause: 原因。point to～: ～を指し示す。
・I can see your point, but that doesn't change the facts.
おっしゃることはわかりますが、それは事実を変えはしません。
・I can see your point, but that's not how I see it.
言っていることはわかりますが、私の見方とは異なります。

(20. 12) そういえば～の表現

・Come to think of it, ～
そういえば、～

・Speaking of food, ～
食べ物と言えば、～

・That reminds me.
それで思い出しました。

・That song brings to mind [takes me back to / reminds me of] my childhood.
あの歌は私の子供時代を思い出させてくれます。

＊ bring to mind: 心に運んでくる ＞ 思い起こさせる。takes me back to：私を～に連れ戻す ＞ 私に～を思い出させる。

・Speaking of food. I'm starving. Anyone else want to grab a bite?
食べ物と言えば、おなかがペコペコです。 誰かほかに食べに行きたい人はいますか？

＊grab a bite: サッと食事をすます、食べに行く。 starve: 飢える、starving: 腹ペコな

・That reminds me. I brought you a souvenir from my trip.
それで思い出しました。 私は旅行のお土産をあなたに持ってきたのでした。

(20. 13) 話題の転換

・Changing the subject, we need a theme for tomorrow's meeting.
On another [a different] note, we need a theme for tomorrow's meeting.
話は変わるけど、明日のミーティングのテーマが必要です。

・By the way / Putting that aside, how do you like your new apartment?
ところで / それはそれとして、新しいアパートはどうですか？

・Before I forget, we're out of copy paper. Can you run to the store?
忘れないうちに言っておきますが、コピー用紙がなくなっています。お店まで走ってくれますか？

・Changing the subject, I heard that Doutor Coffee is having a sale. Shall we go?
話は変わるけど、ドトール・コーヒーがセールをやっていると聞きました。行きませんか？

・I'll give you a hint. The first letter is C.
私はあなたにヒントを上げます。 最初の文字は C ですよ。

(20. 14) どう思う？

・What do you think? [What's your take?]
どう思う？
＊What do you think?: 大変頻度の高いフレーズ。 how を使ってはなりません。

・Don't you think (so)?
そう思いませんか？

・How do you see it?
あなたはそれをどう考えますか？
＊how を使うならこの表現。

・What is your view on UFOs?
UFO について、あなたの見解はどのようなものですか？

・To me, living close to downtown makes sense. How do you see it?
私には、繁華街の近くに住むのは理にかなっています。 あなたはどう考えますか？
＊make sense: 意味をなす、道理にかなう。

(20. 15) 一声を！

・Cheer up!　元気をだして！
Brighten up!　元気をだして！
Take it easy.　気楽にやりなよ。
(Just) relax.　落ち着いて。
Don't let it get to you.　気にすることじゃないさ。
Don't be so hard on yourself.　自分にそんなに厳しくしないで。
Hang in there!　頑張って！
Stick with it!　頑張れ！
Do your best!　ベストを尽くせ！

・Cheer up. Third place is still a very strong performance. You should be proud.
元気を出して。3位は依然としてとても素晴らしい成績ですよ。誇りに思うべきです。

・Take it easy. One bad grade isn't going to ruin your future.
気楽にやってね。 ひとつ成績が悪いからと言って、あなたの将来は台無しになりませんよ。

・Don't worry. There'll be another chance.
心配しないで。 また機会がありますよ。
＊will:「見通す」を表す助動詞。 だから励ましになるのです。

・I'll stand by you.
私は、あなたの味方です。
＊I'll (always) be there for you:（いつでも）あなたの力になりますよ。
I've got your back: 私がついていますよ。
I'm on your side: 私がついていますよ。私は、あなたの味方です。

・Thanks. That means a lot to me.
Thank you. It's so kind of you to say that.
ありがとう。そう言っていただけでとてもうれしいです。

・Thanks. I'm happy to hear that.
Thank you. I'm flattered.
ありがとう。 それを聞いてうれしいです。

・Thanks for your advice. I'll try. / I'll do my best.
アドバイスありがとう。 やってみます。/ 最善を尽くします。

・Thanks. It was a huge help knowing you had my back.
ありがとう。 あなたがついてくれると分かっていることが、大きな助けとなりました。
＊have one's back: 背中を守る ＞ 味方で、助けてくれて

・Thanks! It must be good if you're recommending it. I'll be sure to try it.
ありがとう！ 君が勧めているならいいものに違いない。 必ず試して見ます。
・Thanks, that's really good advice. I think I'll do that.
ありがとう、本当にいいアドバイスですね。 そうしてみようかな。
＊I think I'll ～: ～をしてみようと思う、してみようかな。 （よく使うフレーズ。）

（27．16） 躊躇する相手の背中を押す表現

・Don't hesitate.
躊躇しないで。
・Don't think twice about asking for help.
助けを求めるのをためらうな。
＊think twice: 2度考える ＞ よく考える、躊躇する（二の足を踏む）。
・You shouldn't shy away from talking about it.
それを話すのを敬遠すべきではありません。
＊shy away:（自信の無さ、不安などから）尻込みする、敬遠する。
・Don't flinch from your responsibilities.
責任から逃げてはいけません。
＊flinch: 危険を察知し素早く身を引く動作 ＞（困難・恐怖などから）逃げる。
・What are you waiting for?
何をぐずぐずしているの？
・What's stopping you?
どうしてやらないの？
・What's holding your back?
どうして躊躇しているの？（何で躊躇しているの？）
＊hold ～ back: ～を押しとどめる ＞ ～を躊躇させる。
hold back: 躊躇する、遠慮する。
・He who hesitates is lost.
ためらう者は機会を逃がす。
・Opportunity doesn't knock twice.
好機は2度ノックしない（好機は１度しかない）。
・Don't hesitate to give your opinion. You're here because we want new ideas.
意見を言うのを躊躇しないで。君がここにいるのは、私達が新しいアイデアを必要としているからです。

・Don't think twice about accepting the job. He who hesitates is lost.
　その仕事を受け入れることをためらわないで。ためらう者は機会を逃がしますよ。
・What are you waiting for? You'll never get another chance as good as this one.
　何をぐずぐずしているの？　これよりいいチャンスは決して得られませんよ。

(20．17) 価値を認める表現

・I value your time / input / opinion.
　あなたの時間 / 意見 / 意見をありがたく思います。
＊value: 評価する、尊重する、重んじる。(重要視していることを表す。)
・I really admire your music.
　私は、あなたの音楽にとても感謝しています。
・I appreciate the beauty of Japan / the importance of English education.
　私は日本の美しさ / 英語教育の重要性をよくわかっています。
＊appreciate: 価値・素晴らしさを十分認め、理解していることを表します。そこから「感謝」につながる。
・He is my role model.
　彼は私のお手本です。
・I want to be more like Takao.
　もっと孝雄みたいになりたいです。
・She makes me feel heard / understood.
　彼女は私に、聞いて / 理解してもらっていると感じさせてくれます。(カップルがパートナーを褒めるときによく使う表現)
＊make me feel heard: 聞いてもらっていると感じさせる。
・I appreciate the craftsmanship of this cabinet. Every single part is handmade.
　私はこのキャビネットの職人技を認めています。ありとあらゆる部品が手作りです。

(20. 18) 失礼ですが・・・(相手の心情に配慮)

・No disrespect intended, but ～
　無礼[失礼]なことを申し上げるつもりはありませんが、～

・With all due respect, ～
　失礼ですが [お言葉ですが]、～

・No offense (to you), but ～
　気を悪くしないでほしいのですが、 ～

・Sorry [Excuse me], but ～
　すみませんが、～

・Sorry to be so direct, but ～
　大変直接的な言い方で申し訳ないのですが、～

・I hope you don't mind (me saying), but ～
　(こんなことを言って)気を悪くしないで欲しいのですが、～

・Forgive me for asking, but ～
　こんなことをお尋ねすることをお許し願いたいのですが、～

・I don't mean this I a bad way, but ～
　悪い意味で言っているわけでないのですが （悪気があって言っているわけではないのですが)、～

・I don't mean to be rude, but that just sounds like an excuse to me.
　失礼なことを言うつもりはありませんが、私にはただの言い訳のように聞こえます。
　＊I don't mean to be rude, but: 失礼なことを言うつもりはありませんが、～とクッションを置いています。

・With all due respect, we tried your ideas and none of them worked. It's time for a new approach.
　失礼ですが、私たちはあなたのアイデアを試して、そのどれもが上手くいきませんでした。 新しいアプローチを試す時です。

(20. 19) 残念ながらとショックを和らげる

・I have to say this, but ～
　言いづらいのですが、～
・It pains me to say this, but ～
　こんなことを言うのはつらいのですが、～
・I don't know how to say [put] this, but
　何と言っていいのかわからないのですが、～
・I'm afraid ～、but ...
　～は残念ですが、...
・I / We regret to tell you this, but ～
　I / We regret to inform you that ～
　残念ながら、～をお知らせいたします。

(20. 20) 私の知る限りの表現

・To the best of my knowledge, ～
　私の知る限り、～
・As I understand it, ～
　私が理解しているところでは、～
・Personally, ～
　From my standpoint, ～
　私の見地からすれば、～
・I can't speak for everyone, but I ～
　誰もがそうとは言えませんが、私は～
　＊個人的な見解であることを示す表現。
・According to ～,
　～によると
・As he mentioned before, ～
　以前彼が言及したように、～
・As we all know, ～
　皆さんご存じのように、～
・Like I said, ～
　前に申し上げたように、～

・Research says that ～
　研究によると～
・I just overheard that ～
　小耳に挟んだだけですが、～
・Rumor has it [It is rumored] that ～
　うわさでは～
・Word on the street is that ～
　ちまたのうわさでは～
＊ overhear: 偶然耳にする
・As far as I know, this is the last copy of this book left in the whole world.
　私の知る限り、これは全世界に残る、この本の最後の一冊です。
＊as far as I know: 私が知る限り。copy: 本の一冊・一部のこと。（複写ではない。）
・According to this article, drinking wine may have some health benefits.
　この記事によると、ワインを飲むことは多少の健康効果があるかも知れません。

＜参考＞
文頭に置いて:
Seriously, ～　まじめな話、～
Frankly speaking, ～　率直に言って、～
Unfortunately, ～　残念ながら、不幸にして、～
As far as I know, ～　私の知る限り、～
Listen, ～　いいですか。 ねえ。
Let’s see. [Let me see.]　ええと。そうですね。

8.2.21 質問に答えられたかどうかを確認する

Typical Expressions #8.2.21

・Would that answer be alright?
こういうお答えでよろしいでしょうか？
・Does that answer your question?
こういうお答えでよろしいでしょうか？
・Did this answer make sense to you?
こういうお答えでご納得頂けましたか？
・Does that make sense to you?
こういうお答えでご納得頂けましたか？
・Did I manage to answer to your question?
ご質問に何とか答えられたでしょうか？
・That is it.
（相手の発言に対して）その通り。 そうなのだ。
・That is that.
それはそれで。まあ、こんな（そんな）ところでしょうね。
・I truly believe this is the best way forward. Are we all on the same page?
これが前進するための最善の方法だと固く信じています。皆さん同意見でしょうか？
＊on the same page：「同じ考え・認識にある」ということ。
on the same wavelength も同じ意味で使われる。「同じ波長にいる」ということ。
・So, does that answer your question, Yoshida-San?
では、それであなたの質問への回答になっていますか、吉田さん？
・It's not as hard as it seems.
それはそう見えるほど難しくはありません。
・I have a better idea!
私にはもっといいアイデアがありますよ。
・Got it? Yeah, got it.
わかった？ うん、わかった。（気楽な言い回し）
・I'm glad that problem's settled.
問題が解決したことをうれしく思います。
＊I'm sure ～：（～だと確信しています）なども頻繁に使われる。
・Even if we disagree, we should respect each other's opinion.
たとえ意見が食い違っても、私たちはお互いの意見を尊重すべきです。

・What's on your mind?
あなたは何が気掛かりなのですか？

・I tried very hard to get my point of view across.
私は私の意見をとても一生懸命伝えようとしました。
＊get ～ across:　～をうまく伝える。

・How thoughtless of me!
私はなんて配慮に欠けていたのでしょう！

・Not good enough? I'll have to write it again then.
いまひとつ？　それなら私は書き直さなければならないでしょうね。

・Am I on the right track?
こんな感じで合っていますか？（正しい道筋にありますか？）
＊ Are you comfortable with that?　あなたはそれでよろしいでしょうか？
Are we on the same page?　私たちは同じ考えでしょうか？
Are we on the same wavelength?　私たちは同じ考えでしょうか？

・Look at it in this way.
こんな風に考えてみてください。

・Look at it in this way. If we don't act now, people will think we don't care about the issue.
こんな風に考えてみてください。もし私たちが今行動を起こさなければ、人々は私たちがその問題を気にかけていないと思いますよ。

・Look at this issue your relationship [your job / the task] with fresh eyes.
この問題をあなたの人間関係、（あなたの仕事）、（その課題）を、新たな視点でみてください。

・You need to see things in a different light.
あなたは物事を違った観点で見る必要があります。

・Try to see it from another point of view.
別の観点から見るようにしなさい。

・Put yourself in the author's shoes.
その著者の立場に身を置いてみなさい。

・Think outside the box.
既成概念にとらわれず考えてみてください。

・You need to think outside the box. You won't stand out using conventional thinking.
既成概念にとらわれず考える必要があります。型にはまった考え方を使っては、際立つことはできません。
＊stand out:　目立つ、卓越する、際立つ

・Think about it like this.
Think about it this way.
それについては、こんな風に考えてみて。
・Think (about the) big picture / long-term.
大局的に / 長い目で考えてみよう。
・Think big.
大きく考えよう。
・Think different.
違うことを考えよう。
＊Think differently でも OK ですが、カッコよくキレがある感じ。

＜参考＞
・I understand.
Understood.
OK.
Roger (that).
I see.
分かりました
・I don't understand.
理解できません。
・I don't have a clue.
まったくわかりません。
＊clue: 手掛かり。手掛かりがないところから「まったくわからない。」の意味。
・What are you talking about?
何を言っているのですか？ （心外なことを言われて）
・You lost me.
ついていけません・
・It would be a good idea to set your account to "private".
あなたのアカウントを「プライベート」に設定するのもいいアイデアでしょうね。
＊private: 非公開

8.2.22 質問に答えられないとき　Typical Expressions #8.2.22

・I'm afraid I cannot answer that question right now.
　申し訳ありませんが、今すぐにはその質問にお答えできません。
・I'm afraid I just don't know the answer to that question.
　申し訳ありませんが、その質問には回答しかねます。
・I'm sorry but I don't have the information right now.
　申し訳ありませんが、今はその情報を持ち合わせておりません。
・I don't have that information right now、but I'll be happy to get it for you later.
　今はその情報を持ち合わせておりませんが、喜んでお調べしてお届けします。
・Let me contact you later.
　後ほどご連絡させてください。
・Can I get back to you later?
　後ほどご連絡させて頂けますか？
・Let me get the answer and contact you somehow.
　答えを調べてから、何らかの方法でご連絡させてください。
・Putting aside all our differences, let's try to find a solution to this problem.
　意見の違いはすべてさておき、この問題の解決策を見つけましょう。」
・I was in two minds, but now I've reached a decision. This is final.
　決めかねていたのですが、今は結論に達しました。これが最終的なもの。
　＊in / of two minds の mind は「心」2つの気持ちの間で決めかねている。
・I'm afraid that's outside my area of expertise. Nakamura should be able to help you.
　残念ながら、それは私の専門領域外です。中村さんがお手伝いできるはずですよ。
　＊I'm afraid とワンクッション。「中村さんに頼んでください」という意味。
・I'm looking for a book whose title is on the tip of my tongue... No, I can't remember.
　私は、そのタイトルが喉まで出かかっている本を探しているのですが... 。だめだ、思い出せません。
　＊on the tip of my tongue：舌先のうえ ＞ 喉まで出かかって
・I'm not so sure about that.
　あまりよくわからない。（相手の意見に賛成も反対もできないときに使われるフレーズ。）
・I hadn't considered that.
　私は、それを良く考えたことはありませんでした。

＜参考＞

feel down　落ち込む

calm down　落ち着く（興奮状態から落ち着く事）

settle down　落ち着く（結婚・就職・転居などを通じて、落ち着く・身を固める）

cool down　冷静になる

I won't let you down.　君をガッカリさせたりしません。

8.2.23 質問に興味・関心を示す　Typical Expressions #8.2.23

・I'm interested in that kind of stuff.

　私はそうしたものに興味があります。

＊be interested in ～:　～に興味・関心がある。頻繁に使われる。 In は範囲指定。

・Your research interests me.

　あなたの研究は興味深いですね。

・I'm intrigued by your idea.

　あなたのアイデアには興味をそそられます。

＊intrigue / pique: (興味・好奇心を) 引き付ける、そそる。

・I'm curious about findings.

　あなたの発見したことが知りたくてたまりません。

・You've piqued my interest.

　あなたは私の興味をかき立てました。

・I'm interested in the history of this castle. When was it built?

　私はこの城の歴史に興味があります。それは何時建てられましたか？

・Tell me more about yourself. How did you come to live in Japan?

　あなた自身についてもっと教えてください。 どういった成り行きで日本に住むようになったのですか？

（23. 1） つなぎの相打ち

・I'm listening.

I'm all ears.

　聞かせて。

・Go on.　続けて。

Tell me more.　もっと教えて。

Oh, really? えっ、本当？
For real? 本当に？
Do tell. 教えてよ。
Pray tell. どうぞお聞かせください。
Yeah? そうなの？
Hmm... ふーむ...
Right. そうだね。
OK. そうですね。
Uh-huh. うんうん。
Sure (thing). 確かに。
Oh, I see. ああ、わかりました。
And? それで？
And Then? それから？
Go on. 続けて。
＊go on: 続ける。 Please continue は丁寧な感触。go on: 相手に話すように促す。
What then? [Then what?]. それで？

・It was fantastic!- Really?
それは素晴らしかったです！ —本当に？

・That sounds interesting! Maybe I'll go check it out for myself. I like live theater.
面白そうですね！自分で見に行ってみようかな。演劇は好きなんです。

(23. 2) 疑問文で相打ち

相手の発言を軽い疑問文にして繰り返すだけです。

・—Oh, have you? OK, I'll pick a different movie then.
—ああ、そうなの？ 分かった、そんなら違う映画を選びますね。
(I've seen this already.)と言われて。

・—Oh, does he? Next time I visit, I'll bring a bottle.
—へえ、そうなの？ 次に来るときにはひと瓶持ってくるよ。
(My father loves sake.)と言われて。

8.2.24 質問を遮る　Typical Expressions #8.2.24

・I'll do my best, and I'll take questions at the end.
私はベストを尽くすつもりですし、最後には質問をお受けいたします。

・Could I ask you to hold any questions until I've finished?
私が話し終えるまで、質問はお待ち願えますか。
＊ask 人　to ～は、人に to 以下を頼む

・Will you please give someone else a chance to speak ?
ほかの人にも話す機会を与えて頂けませんか？
＊他の人に配慮せず発言を続ける人をさえぎる効果的な一言です。

・I hear you, and I will certainly address that point later.
おっしゃることは分かりますし、後ほどそのポイントについて必ず述べます。
＊I hear you は、「聞いています（＝わかります）と相手にたいする理解を示す表現。

・Could I ask you to hold any questions until I've finished?　Otherwise, I may well loss my train of though.
私が話し終えるまで、質問はお待ち願えますか。さもないと話の流れが分からくなってしまうかも知れません。

・If I could just finish...　Now, where was I ?
ちょっと最後まで言わせて頂ければ・・・・　さて、どこまでお話ししましたっけ？

・Do you mind?　I haven't finished.
失礼ですが？　(話を)終えていません。
＊Do you mind (not interrupting me)?
(話をさえぎらないでいただけますか) ということ。多少のいらだちを表現している。

・Just hear me out. You'll have the chance to respond after I've finished, OK?
いいから私の話を最後まできいてください。私が話し終えたあとに、意見を述べる機会がありますから。よろしいですね。
＊短く鋭い言葉で相手を押しとどめます。「hear 人　out」は「人の発言を最後まで聞く」。out に完全性が感じられる。 さらに「あとで意見を述べる機会がある」と、相手が矛を収めやすい表現です。
＊さえぎる時に「ちょっと待って。」の表現：just a minute, hang on (a minute)

・Let's focus on the job at hand.
今の課題に集中しようよ。
＊focus on:　集中する

・Can we let bygones be bygones?
済んだことは水に流せませんか？

・I know it's hard, but please try to forgive and forget, OK?
大変なのは分かりますが、どうか水に流すように努めてください。

・Listen to me carefully, OK ?
私の言うことをよく聞いてください、いい？

・I am sorry, but would you please wait for the whole explanation?
I will take questions after that.
すみませんが、説明が終わるのをお待ちいただけますか？　その後質問をお受けしますので。

＊would you please：（丁寧に）～をしてくださいませんか？
take questions: 質問を受ける。

・I'm not having such disruptive behavior in this presentation.
このプレゼンテーションでそのような妨害行動を、私は許しません。

・Give me a break. Never say something like that again, OK?
いい加減にしてください。（決まり文句）二度とそんなことを言わないでください。良いですね？

・Can I break in here?
ここでちょっとよろしいでしょうか？（会話に割り込む）

・If you continue to disrespect the rules, there'll be serious consequences.
もしその規則を軽視し続けるなら、深刻な結果を招くことになりますよ。

(24.1) 質問に否定的に答える

・It seems to me that you are completely missing the point.
　私にはあなたは完全に論点が分かっていないように見えます。
　＊It seems to me that～ でしっかり和らげています。
　miss the point は論点がわかってない、まとはずれである。

・I wanted to encourage people to think more deeply about the world around them.
　私は、皆さんに自分の周りの世界について、もっと深く考えるよう、うながしかったのです。
　＊encourage：うながす

・I think you've misunderstood my main point. Let me put it another way.
　あなたは私の言いたいことを誤解していると思います。別の言い方をしましょう。

・That's not what I meant. I was actually trying to say that safety must be our top priority.
　それは私が言いたかったことではありません。 実際には私は安全が最優先でなくてはならないと言おうとしていたのです。

・We're obviously not on the same wavelength, Let me clarify my opinion again.
　私たちは明らかに意見を異にしていますね。もう一度私の意見を明らかにしておきましょう。
　＊you've misunderstood ～の代わりに、we're not on the same wavelength で、やわらかな物言いを実現しています。

・We're obviously not on the same wavelength, so let's just agree to disagree.
　私たちは明らかに意見を異にしていますね、では意見の不一致を認めておくにとどめましょう。
　＊agree to disagree：意見の不一致を認める、意見の相違を認め合う

・I take your point, but I think you've misunderstood what I meant.
　あなたの言いたいことは分かりますが、あなたは私がいったことを誤解しています。
　＊take one's point: ～の意見・言い分を理解する

・I agree with you up to a point, but I think you're missing the bigger picture.
　ある程度までは同意しますが、あなたは大局を見失っていると思います。

・I understand where you're coming from, but don't you think you're rather biased?
　おっしゃることは分かりますが、かなり見方が偏っていると思いませんか？

・I hear you, but I 'm afraid that's not how I see it.
言いたいことは分かりますよ。でも申し訳ありませんが、私はそんなふうに思いません。
＊I hear you：聞こえている＝言いたいことは分かる。 I 'm afraid 申し訳ありませんがと十分クッションを効かせています。大人の発言。

・I take your point, but I think the situation is much more serious.
あなたの言いたいことは分かりますが、状況ははるかに深刻だと私は思います。
＊比較級 more serious は量を表す much で協調。very は比較級なので使えない。

・I hope you don't mind me saying this, but I think you 're making a big mistake.
こんなことを言って気を悪くしないでほしいのですが、あなたは大間違いをしていると思いますよ。
＊I hope you don't mind：あなたが気にしないことを望む＝気にしないで欲しいのですが。 me saying は、my saying でも良い。
＊誤解しないでくださいね： don't get me wrong
気を悪くしないでほしいのですが： no offence, but

・I can see your point, but I can't go along with your proposal.
あなたの言いたいことはわかりますが、私はあなたの提案に賛成することはできません。

・I take your point, but don't you think it's a bit simplistic?
おっしゃることはわかりますが、ちょっと単純に割り切り過ぎと思いませんか。

・I agree with you up to a point, but you need to find more solid support for your argument.
おっしゃっていることにはある程度同意しますが、あなたの議論を支えるもっとしっかりとした裏付けを見つける必要がありますね。

・I take your point, but all the same, I'm sure my way will prove to be more effective.
おっしゃることはわかりますが、それでもやはり、私の方法がより効果的だということが判明すると確信しています。

・We have to start thinking outside the box.
私たちは、これまでとは全く違う仕方で考え始める必要があります。
＊think outside the box：まったく違う捉え方をする、既成概念にとらわれずに考える。「箱」が相手の閉じこもっている狭いアイデアを表しているのです。

・I can understand how you feel, but we have to put aside our personal feelings.
お気持ちはわかりますが、個人的な感情は横に置かねばなりません。

・You have a point, but let's look at the bigger picture.
一理ありますね。ですがもっと大局的に見ようじゃありませんか。

・With all due respect, I don't think you've fully understood my explanation.
失礼ですがあなたが私の説明を十分に理解しているとは思いません。

・I'm sorry I hurt your feelings.
あなたの感情を害してしまってすみません。

・You don't want to do something you'll regret later.
あなたは、あとで悔やむようなことはしない方がいいですよ。

・Not everybody is happy about these new devices.
誰でもこうした新しい装置をありがたいと思っているわけではありません。

・That is not very helpful.
それはあまり助けになりません。
＊「助けになりません」と言えば相手は傷つきそうですが、「それほど助けにならない」としている。

・That is hard to believe.
それは信じるのが難しいです。

・There must be some mistake.
何かの間違いに違いありません。

・You can't be serious.
冗談でしょう？（＝真面目に言っているはずはがありません。）

・No way ! There has to be some mistake.
まさか！　何か間違いがあるにちがいありません。
＊some mistake が単数であるため、has to が使われています。

・What made you change your mind?
何があなたを心変わりさせたのでしょうか？

・You should listen more carefully.
あなたはもっと注意深く聞かなくてはなりません。

・The information is a fake. I'm afraid you've been had.
その情報は偽物です。残念ながらあなたは騙されているのです。
＊ be had: だまされる

・I'm at my wit's end.
私は途方に暮れて（ほとほと困って）います。（何をすればいいのか分からない）ということ。

・Nobody is above the law.
誰も法律を逃れることはできません。

・It's beyond my comprehension.
それは私の理解を超えています。

・It's beyond some comprehension.
それは私の理解を超えています。
＊some: ある程度（ぼんやりしている）場合

・Just between you and me, I knew that already.
ここだけの話ですが、そのことはもう私は分かっていました。

・It's tough to choose between these.
これらのうちから選ぶのは難しい。

・I can't go into detail yet.
私はまだ詳しくは説明できません。

・I have no idea what you're taking about.
あなたが何をおっしゃっているのか、まったく分かりません。

・Yes, but that's not the main problem here.
ええ、でもそれはここでの主要な問題ではありません。

・That's hard to believe.
それは信じ難いです。

・That's because you didn't the instructions carefully.
それはあなたが注意深く指示を読まなかったからですよ。

・Could you speak a little louder, so everyone can hear you?
もう少し大きな声で話していただけますか、全員に聞こえるように。

・Please speak more slowly, so the non-native speakers can understand you better.
ネイティブスピーカーではない方がよりよくあなたを理解できるように、もっとゆっくり話してください。

・Don't talk back.
口答えするな。

・If you continue to disrespect the rules, there'll be serious consequences.
もしその規則を軽視し続けるなら、深刻な結果を招くことになりますよ。

・I won't tell you no matter how many times you ask. Please give it a rest.
あなたが何度尋ねても、私はあなたに言いません。いい加減にしてください。

・That's hard to believe.
それは信じるのが難しい。

(24.2) 同意しない

・I completely disagree.
　私はまったく同意しません。
・I can't agree.
　同意は出来ません。
・That's not how I see it.
That's not how the way.
　それは私の見方とは異なります。
・That's not how I see it. Accepting your limitations is a sign of maturity, not weakness.
　それは私の見方と異なります。 限界を受け入れることは成熟の印です、弱さではありません。
・I don't see it that way.
　私はそのように考えていません。
・I don't feel that way at all.
　私はまったくそのように感じてはいません。
・I can't go along with you on that.
　その点は、あなたに同意しかねます。
＊go along with: 〜に同行する、賛同する
・That's not something I can agree on.
　それは、私が同意できることではありません。
・That's not my take on it.
　それは、その点に対する私の見解とは異なります。
＊take: 見解・見方。take のイメージは「(手に)取る」が「受け取る」に。
・We'll have to agree to disagree.
　意見の不一致を認めなければなりませんね。
・Let's agree to disagree.
　意見の不一致を認めましょう。
＊「意見が違うということにしておきましょう」と矛を収めます。
・Are you serious?
　あなたは本気なのですか？
＊強い不賛成を表す表現の一つ。シリアスな状況でも冗談めいた発言で使うことができます。

・You must be joking!
You've got to be kidding.
冗談でしょう！

・No way!
絶対にイヤです！
＊強い可能性の否定「そんなはずはない、まさか」だけでなく、「絶対イヤ・ダメ・ムリ」など相手の依頼・意見などを強く否定する表現でも使われる。

・Don't give me that.
そんなこと言わないで。
＊「やめてくれよ、よしてくれ」というニュアンス。

・Come on!
おいおい！（やめてくれよ！）

・What are you talking about?
何を言っているんだい！

・I hate to disagree, but it's not really necessary.
異論を唱えたくはありませんが、それは特に必要ありません。

・I'm sorry, but I can't agree.
すみませんが、同意はできません。
＊I'm sorry, but ～:（すみませんが～）のクッションで汎用フレーズ。

・I'm sorry, but I cannot go along with you on that.
すみませんが、その点はあなたに同意しかねます。

・I'm afraid that's not how I see it.
残念ながら、それは私の見方とは異なります。
＊ I'm afraid（残念ながら）は、相手に都合の悪い内容を持ち出すときに使われるクッションの汎用フレーズ。

・Not to contradict you, but that isn't necessary.
I hate to contradict you, but that isn't necessary.
I don't mean to contradict you, but that isn't necessary.
お言葉を返すようですが、それは必要ではありません。
＊contradict: 反論する、矛盾する
not mean to ～: ～をするつもりでない

・With all due respect, I have to disagree.
No disrespect intended, but I have to disagree.
失礼ですが、異論を唱えねばなりません。
＊respect（敬意）に焦点を置いたクッション。due は「払うべき」。
どちらも汎用表現。反論を加える前に打つ「先手」として使えます。

・I agree with you up to a point, but ～.
あなたの意見にはある程度同意しますが、しかし ～。
・I agree with you up to a point, but I don't have the time to complete all those tasks.
あなたの意見にはある程度同意しますが、私にはそのすべての課題を仕上げる間が無いのです。
・I see your point, but ～.
I take your point, but ～.
I get your point, but ～.
I see / get / understand what you mean, but ～.
I hear you, but ～.
あなたの言いたいことは分かりますが、～。
・I take your point, but our schedule for the day has already been decided.
あなたの言いたいことは分かりますが、その日の私たちのスケジュールは既に決まっています。
・I understand / get where you're coming from, but ～.
あなたがどうしてそう言うのか分かりますが、～。
・I understand where you're coming from, but I'm afraid I can't agree with you.
あなたがどうしてそう言うのか分かりますが、残念ながら同意はできません。
・I can't say.
It's hard to say.
何とも言えません。(＝分からない。)
・It's hard to say since the details haven't been released yet.
まだ詳細が公表されていないため、何とも言えません。
・I couldn't say.
何とも言えません。(言いたくても言えない。)
・Who knows?
Nobody knows.
誰にも分かりません。(誰が知っているのか？ ＞ 誰も知らない。)
・Who knows? The future hasn't been written yet.
誰にも分からないさ。 未来はまだ書かれていないのだから。
・(I have) no idea.
(I have) no clue.
I don't have a clue.
Not a clue.
まったく分かりません。

＊idea（考え）、clue（手掛かり）を否定して「まったくわからない。」

・It's beyond me.
それはまったくわかりません。

・That explain it.
それで分かりました。
＊explain about it は誤用。plain（平ら）にするからのイメージ。

・It's beyond my expertise.
それは 専門外です。

・That's over my head.
私には難しすぎます。（知的能力を意味している。）

・It's not easy to say.
簡単には言えません。

・I'm not so really / very / super / completely sure about that.
そのことについては、どうもよく分かりません。

・I can't say for sure.
そのことについては、よく分かりません。

・I wouldn't like to say.
コメントは差し控えたく思います。

・I wouldn't like to say. It's not my place to talk about their relationship.
コメントは差し控えたく思います。私は彼らの関係について話す立場にありません。
＊It's not my place to ～： 私は～をする place(立場)にはいない。使える表現。

・I appreciate your advice, but it's not for me.
あなたのアドバイスには感謝しますが、それは私には向いていません。

・That can't be right.
それが正しいわけがない。
＊否定文で使われると、どう目を凝らしてもそうした可能性がない（＝はずがない）となります。

・Problem will arise.
問題は起こるものです。

・My opinion is different from yours.
私の意見はあなたのものと異なっています。

・Practicing daily makes a big difference.
日々の練習は大きな違いを生み出します。

・These are separate issues.
これらは異なった問題です。

・My plan is similar to, if not the same as yours.
私の計画は、あなたのものと同じものとまで言えないにせよ似ています。
＊if not～： ～とは言えないにせよ
・Let's stop here. Practicing more than this won't make a big difference.
ここで止めておきましょう。 これ以上練習しても大して変わりませんよ。
・My shirt is similar to yours. In fact, it may be identical!
私のシャツはあなたのものと似ています。実際、まったく同じものかもしれないわ！

(24.3) 可能性がまったくない

・It's impossible to imagine such a thing.
そんなことを想像するのは不可能です。
・That's impossible.
それは不可能です。
・It's impossible that you wrote this paper on your own. It's beyond your ability.
あなたが独力でこの論文を書いたなんてありえません。 あなたの能力を超えています。
＊on one's own: 独力で、on は支える。
・That can't be true.
そんなことはあり得ません。
・Not a chance.
絶対にありえません。
・No way.
まさか（絶対にありえない）
＊no way: 強い不信と否定を表す。

(24.4) 相手に間違いがあることを伝える

・That's not exactly right.
　それは必ずしも正しくはありません。

・That's not quite / exactly right.
　それはまったく正しいとは言えません。

・I don't think that's correct.
　それが正しいとは思いません。

・I 'm afraid I don't agree with that.
　残念ながら、それには同意できません。

・I wouldn't say that.
　私ならそうは言わないでしょう。
　＊would が条件「私なら」を含み、「（私なら）そうはいわないでしょう」と表現。
　直接「間違いだ」と言わないための工夫。

・There's no clear-cut answer here.
　ここに明確な答えはありません。

・I don't think that's correct. Where did you get that info?
　それが正しいとは思いません。 その情報をどこで手に入れましたか？
　＊「それは間違っている」と言うより、「それが正しいとは思わない」の方が柔らかく響きます。

(24.5) 難易を表す

・It's easy / tough / difficult / to do that.
　そうするのは簡単 / 厳しい / 難しい 。

・It's a breeze / an ordeal / a struggle / rough / to do that.
　そうするのはとっても簡単 / つらいなあ / 大変だよ / つらいよ。
　＊breeze： そよ風 ＞ とっても簡単、 ordeal：つらい試練、struggle：もがくこと＞
　＞苦しい、難しい、rough：（表面が）荒れた ＞ つらい、苦しい。

・That is a hard / tough / to satisfy.
　それは難問ですね。

・That is no walk in the park.
　それはまったく簡単ではありません。

・That is no easy task / thing.
　それはまったく簡単な課題 / ことではありません。
・His lecture are really hard to follow.
　彼の講義はついて行くのが本当に大変です。

(24.6) 簡単だよ

・That's easy.
　それは簡単だよ。
・That's as easy as pie / a piece of cake.
　それはとても簡単だよ。
・I could do it with my eyes closed / blindfolded.
　目をつぶっていても / 目隠しされていても出来ますよ。
・I could do it with one hand / both hands tied behind my back.
　片手 / 両手を後ろで縛られていても出来ますよ。
・It's no-brainer.
　It's a cinch.
　朝飯前だよ。
　＊no-brainer： 頭を使わなくてもできる。cinch：ちょろい、極端にかんたんなこと。
・Your suggestion is easy to implement. Consider it done!
　あなたの提案は簡単に実行できます。 お任せください。
・Learning this software is as easy as pie. You'll be a pro in no time.
　このソフトを学ぶのはとても簡単です。 すぐにプロになれますよ。

(24.7) 優先を伝える

・Comfort comes before style.
見た目よりも快適さのほうが大切です。

・Which comes first, family or work?
どちらが大切ですか、家族それとも仕事？

・You're better off talking to her directly.
彼女に直接話した方がいいですよ。

・For me, getting along with people comes before being right.
私にとって、人と上手くやることの方が、正しくあることよりも大切です。

・The first thing to do is to establish yourself as a reliable worker.
最初にやるべきことは、信頼できる職員として君自身の地位を固めることです。

・We shouldn't get our priorities mixed up.
私達は、優先すべきことを取り違えるべきではありません。

・～ is our top [first / number-one] priority.
～は私達の最優先事項です。

・You must give priority to ～.
あなたは～に優先権を与えなければなりません。

・We need to prioritize customer satisfaction.
顧客満足度を優先させる必要があります。

・Our number-one priority is to address the concerns of our shareholders.
私達の最優先事項は、私達の株主の懸念に対処することです。

・We have to give priority to time-sensitive matters. The rest can wait.
時間的制約がある案件を優先しなくてはなりません。そのほかのことは後回しにでます。

・You've got your priorities mixed up. We're here to learn. Socializing can be done later.
あなた方は優先すべきことを取り違えていますよ。私達はここに学ぶために来ているのです。 人づきあいはあとでもできますよ。

・Don't get your priorities mixed up. You should put your partner before your hobby, not the other way around.
優先順位を取り違わないで。趣味よりパートナーを優先すべきで、その逆じゃないわ。

＊not the other way around：その逆ではない

＜参考＞

To my disappointment:　ガッカリしたことに
To my disgust:　不快なことに
To my regret:　残念なことに
To my satisfaction:　満足したことに
To my heart' content:　心行くまで
To the best of my knowledge:　私の知る限り

I hate to say this, but ～:　こんなことは言いたくないのですが、～
I don't mean to be rude, but ～: 失礼なことを言うつもりはないのですが、～

(24. 8)　間違いを伝える

・I made a mistake.
　私は間違えました。
・It's a mistake to ～.
　～するのは間違いです。
・We need to learn from our mistakes.
　私達は失敗から学ぶ必要があります。
・This is my fault.
　これは私の責任です。
・I'm responsible for the failure.
　私はこの失敗に責任があります。
・My plan went sideways quickly.
　私のプランは直ぐに酷いことになりました。
　＊sideways:　横に。go sideways:　酷いことになる（本来の方向に進まず、くだけた表現
・I failed to keep my word. I'm truly sorry.
　私は約束を守ることができませんでした。本当にごめんなさい。

(24. 9) 問題があることを伝える

・The trouble / problem/ issue/ is that time is very limited.
　問題は、時間がたいへん限られているということです。

・My biggest concern / worry/ is that there won't be enough time.
　私の最大の懸念は、十分な時間をとれなそうだということです。

・I have trouble remembering names.
　私は名前を覚えるのに苦労します。

・What's the problem?
　何が問題なのですか？

・Well, that's no excuse really.
　いや、実際のところ、それは言い訳にならないよ。

(24. 10) 相手の発言を遮る

・Hang on a minute.
　ちょっと待ってください。

・Just a minute [Wait a minute].
　ちょっと待って。

・Before you go any further, ～
　あなたがこれ以上進む前に、～
　＊further: far の比較級。

・Before you move on to the next point, ～
　あなたが次のポイントに進む前に、～

・Excuse me / Sorry to interrupt, but could I say something here?
　すみませんが / 割り込んで申し訳ございませんが、ここで一言よろしいでしょうか？

・Can I just in for a second?
　ちょっと割り込んでいいですか？

・Do you mind if I say something here?
　ここで一言よろしいでしょうか？
　＊Do you mind if ～？: ～をしてよろしいでしょうか？は、mind (気にする)を使った丁寧度の高い表現。

・Hang on a minute. There's something I need to say before we continue.
　ちょっと待ってください。続ける前に言わなければならないことがあります。

・Before you go any further, I have a small suggestion.
あなたがこれ以上話を進める前に、私にはちょっとした提案があります。
・Do you mind if I add something here? I have some firsthand experiences I'd like to share.
ここで少し申し添えてもよろしいでしょうか？　私には共有したい実際の経験があります。
＊firsthand experience: 実際の経験、実体験

(24. 11)　最後まで発言したい表現

・If I could just finish....
最後まで言わせてもらえば・・・
・Just hear me out.
いいから私の話を最後まで聞いてください。
・Hang on (a minute), [Just a minute. / Wait a minute.]
ちょっと待って。
・Listen.
聞いてください。
・Do you mind? I haven't finished.
失礼ですが？（話を）終えていません。（多少のイラ立ちが感じられる表現。）
・Do you mind (not interrupting me) ?
話を遮らないでいただけますか？
・Could I ask you to hold any questions until I've finished?
私が話し終えるまで、質問はお控え願えますか・
・I hear you, and I will certainly address that point later.
おっしゃることはわかりますし、その点については追って必ず申し上げます。
＊Could I ～？や I hear you（わかります）によってソフトな発言となっている。
・Just hear me out. I think you'll agree with me once you see the whole picture.
いいから私の話を最後まで聞いてください。一度全体像がわかれば、あなたは私に賛成すると思いますよ。
＊once ～: ひとたび～すれば。 the whole picture:（計画などの）全体像・全貌。
・Do you mind? We're close to the end of the presentation. Please be patient.
失礼ですが？　私たちはほとんどプレゼンテーションが終わりかけています。
我慢してください。

・Could I ask you to hold any questions until I've finished? The presentation may cover what your question is about.
　私が話し終えるまで、質問はお控え願えますか？　このプレゼンテーションは、あなたの質問内容を含んでいるかもしれません。
＊会議やビジネスの場で使いどころの多い表現。

（24．12）　余計なお世話です

・That's none of your business.
It's not your concern.
　あなたには関係のないことです。
＊concern: 関心事、重要なこと ＞　関係がない。
・Keep [Stay] out of it.
　口を挟まないで。
＊keep [Stay] out of　～: ～の外にいる ＞　～に干渉しない。
・Mind your own business.
　余計なお世話です。
・Come off it.
　いい加減にして。（相手の話や態度を強く拒否する表現。）
・Keep your nose out of other people's [my] business.
Don't stick your nose where it doesn't belong [where it isn't wanted].
Butt out!
　余計なお世話です。（構うな！！の砕けた表現。）
・Leave me alone.
　一人にしておいて［ほっておいて / あなたには関係ありません］（きつく響くフレーズ。）
・That's none of your business. What I do outside of work is my problem, not yours.
　あなたには関係ありません。私が仕事以外ですることは私の問題であり、あなたの問題ではありません。
・Keep out of it. This has nothing to do with you. This is between Taro and me.
　口を挟まないで。あなたには関係ないから。 これは太郎と私との間のことです。
＊have nothing to do with ～:　～に関係がない
・Leave me alone. I don't want to talk about it, not with you or anyone.
　放っておいて。そのことについては話したくありません。あなたとも、誰とも。

8.2.25　評価に関して　Typical Expressions #8.2.25

・Don't underestimate the power of the human mind.
　人間精神の力を過小評価してはいけません。
　＊underestimate: 過小評価する。 overestimate: 過大評価する。

・That restaurant is overrated nowadays.
　あのレストランは、最近過大評価されています。

・You can't judge a book by its cover.
　見かけで判断してはなりません。
　＊overestimate: 外見・見かけで（人などの）価値を判断する。

・Evaluate yourself on a scale from one to ten.
　１から10までで（10段階で）自分を評価してみなさい。
　＊evaluate: 評価・査定する, value（価値）を推し量るということ。

・Don't undervalue hard work.
　懸命な努力を見くびってはいけません。

・I appreciate the importance of English education.
　私は英語教育の重要性が分かっています。
　＊appreciate: 「価値をつける」が元の意味。それが「価値を認める、正しく・高く評価（理解）するにつながります。「（行為などを高く）評価する」が感謝に繋がっています。

・Don't underestimate her. She's an excellent lawyer and has never lost a case.
　彼女を過小評価shないように。彼女は素晴らしい弁護士で、敗訴したことはありません。

・I like old cameras. To me, there's something magical about it.
　私は古いカメラが好きです。私にとって、それには何か魔法のようなものがあります。
　＊I enjoy / am a fan of / am partial to ～
　　私は～がすきです。

8.2.26　相手の都合を尋ねる　Typical Expressions #8.2.26

・Would you be free to join us?
　あなたは参加する時間がありますか？

・Would you have time to ～？
　～する時間がおありでしょうか？ （丁寧な表現）

・Could you spare some time for me?
　私のために、ちょっとお時間をよろしいでしょうか？

・Have you got time / a minute to spare?
　時間は　/ 少し時間はありますか？

・Will you be able to join us?
　参加することはできますか？

＊Can you ～？は都合でなく、「～をしてくれない？」と依頼されていると解釈されがちです。

・When is convenient for you?
When is good for you?
When works for you?
　いつ都合がいいでしょうか？

・Does that work for you?
　それはあなたにとって都合がいいですか？

・I'm free all afternoon tomorrow. When is convenient for you?
　明日の午後、私はずーと空いています。あなたはいつ都合がいいでしょうか？

・When else is good for you?
　ほかにいつ都合がいい？ （相手の都合を尋ねる頻用表現）

8.2.27 感情の表現　Typical Expressions #8.2.27

（27．1） 無関心を示す

・Who cares?
　誰が気にするでしょうか？（どうでもいいじゃない。親しい間柄で使う表現。）
・Who cares about that getting first place?
　そんなこと一番になることなんて誰が気にするの？（どうでもいいです。）
・I don't care.
That doesn't matter.
　どうでもいいです。
・That's none of my business.
That's irrelevant to me.
　私には関係ありません。
・I don't want to get involved.
　私は巻き込まれたくありません。
＊irrelevant：関係がない、 involve：巻き込む
・I have zero interest in ～。
　～にまったく興味がありません。
・No one cares.
　誰も気にしません。
・I couldn't care less about ～.
　～なんてどうでもいいです。
・Who cares about what people say? Don't listen to them. Follow your passion.
　人々が言うことを誰が気にするでしょうか？　彼らのいうことに耳をかさないで。
　自分の情熱に従って。
＊Who cares about：気にする、どうでもいい。

(27. 2) うれしさを表現

・I'm happy to help you.
喜んでお手伝いしますよ。

・I'm delighted.
私はとてもうれしいです。

・I'm over the moon [on cloud nine].
私は最高にうれしいです。

＊over the moon: 月の上にいるよう、cloud nine: 積乱雲。どちらも「高さ」が喜びの大きさをあらわしている。

・I'm glad [pleased] to know you.
お知り合いになれてうれしく思います。

＊glad、pleased: うれしい。 happyより穏やかな感じのする表現。

・I'm happy to offer whatever help I can give. You've got my support.
私ができるどんなお手伝いも喜んでしますよ。 私はあなたを支援します。

(27. 3) 満足・不満足の表現

・The result was satisfying.
その結果は満足の出来るものでした。

＊satisfying: 満足させるような、satisfactory: 完全と言うわけではないが、要求を充足する意味。

・I was happy [pleased / content] with the result.
私はその結果に満足でした。

＊content: 満足して(静かな充足感がある)

・Are you comfortable with our plan?
私達のプランに問題はありませんか？

＊comfortable: 居心地がよい

・It's a dream come true.
夢がかないました。

・I'm dissatisfied / not satisfied with the room.
(ホテルなどで) 私はその部屋に満足していません。

(27. 4) 嫌い

・Goya isn't really my cup of tea.
　私はあまりゴーヤが好みではありません。
　＊my cup of tea：好きなもの、得意なもの。

・That's bad [terrible / awful / vile].
　それは酷いね。

・I can't stand / beat the stress.
　私はそのストレスに我慢できません（＝嫌い）

・That's not for me.
　それは、私には向いていません。

・That's not really my thing.
　それは、私はそれほど得意ではありません。
　＊「向いていない、得意ではない」は、婉曲的に「したくない、好まない」の表現。

(27. 5) 気分の落ち込みの表現

・I'm a bit down about that.
　そのことで、私はちょっと落ち込んでいます。

・I'm feeling down.
　落ち込んでいます（気が滅入っています）。

・The news really brought me down.
　その知らせで本当に落ち込んだんですよ。

・You look a bit / kind of down.
　ちょっと落ち込んでいるようですね。

・What are you so down about ?
　どうしてそんなに落ち込んでいるの？

・What a bummer!　嫌だなぁ！
　What a downer!　不愉快！
　That sucks!　がっかりだ！（目上の人やフォーマルの状況では避ける。）

・What's got you down?
　何があなたを落ち込ませているのですか？

・What are you so mopey about?
何についてそんなに落ち込んでいるの？
＊mopey：落ち込んだ （相手に使うと「もっとしっかりしなさいよ」のニューアンス。
・I'm a bit down about my job. I feel like it's not going anywhere.
仕事でちょっと落ち込んでいます。 どうにもならないように感じています。
・You're looking kind of down. Did something happen at school? Wanna talk about it.
ちょっと落ち込んでいるみたいですね。 学校で何かありましたか？ それについ話がしたい。
＊wanna: want to

(27. 6) 失望・がっかりの表現

・It was a letdown.
それは期待外れでした。
・I was disappointed.
私はがっかりしました。
・That was disappointing.
それにはがっかりしました。
＊disappointing： がっかりさせるような（事物について述べる表現）
・I had such high hopes for that.
私は、それについてはとても大きな期待を持っていました。
・That wasn't what I'd hoped.
それは私が望んでいたものではありませんでした。
・It's pity [a shame / too bad] that you can't come.
あなたが来ることが出来ないのは残念なことでしょう！
・What a shame [a pity]!
何て残念なことでしょう！
＊pity： 悲しみ・同情、shame： 残念（間違った行いに起因する心の痛み（苦悩・恥）、そこから「残念」につながる。
・That was anticlimactic.
それは拍子抜けでしたね。
・It was a pity to see him leave the company. He had so much potential.
彼が会社をさるのを見るのは残念でした。 彼にはとても潜在能力があったのに。

(27. 7) 相手に同情の表現

・I've been in that boat.
私も同じ立場になったことがあります。

・I've been there.
私は、そこにいたことがあります。

・I know what that's like.
私は、それがどのようなものかを知っています。

・I feel you.
気持ちは分かりますよ。

・I feel for you.
お察しします。

・My heart goes out to you.
あなたに同情します(お気の毒に)。

・That's too bad.
お気の毒に。

・What a shame [a pity]!
なんて残念なことでしょう！

＊pity: 悲しみ・同情、shame: 残念(間違った行いに起因する心の痛み(苦悩・恥)、そこから「残念」につながる。

・That sucks.
それはひどいね。

・I've been in that boat. Don't worry, it gets better over time.
私も同じ立場になったことがあります。 大丈夫、(状況は)時がたつにつれて良くなりますよ。

＊over time: 時間がたつにつれて、時とともに

・I feel you, It's not fair of him to ask you to do everything.
気持ちはわかりますよ。彼があなたに全部するように頼むのはフェアではありません。

(27. 8) 躊躇の表現

・I'm having second thoughts about going, actually.
私は実のところ、行くことを考え直しています。
＊have second thoughts: 2番目の考えを持つ ＞ 考え直す。

・I'm hesitant to do that.
I hesitate to do that.
私はそうすることに躊躇しています。

・I'm not ready to do that.
I'm not ready for that.
私はその準備ができていません。

・I'm still on the fence about that.
私はそれに関してまだ決めかねています。

・I'm still on the fence about that. It's a complicated issue.
私はそれに関してまだ決めかねています。それは複雑な問題です。

・I'm not ready to talk about that. I don't know all the facts yet.
それについてお話をする準備は出来ていません。まだすべての事実を知らないのです。

・I'm hesitant to say what I think. I don't want to hurt your feelings.
私は思っていることを言うのに躊躇しています。君の気持を傷つけたくないのです。

(27. 9) 混乱の表現

・I'm confused by it.
私にはそれがさっぱりわかりません。

・His explanations are confusing.
彼の説明は分かりづらい。

・I was bewildered [perplexed / baffled] by their decision.
彼らの決定に当惑しました。
＊bewildered：当惑した（驚いて動けない感じ。）
perplexed: 当惑した（知的な困惑、論理的筋道が見えない感じ。）
baffled: 当惑した（ホワホワッとした霧に包まれているような感じ。）

・My thinking is messed up.
考えが混乱しています。

・The situation has me messed up.
この状況で混乱しています。

＊messed up: ごちゃごちゃになっている ＞ 混乱している

・I can't make heads or tails of this.
これは、私には全く分かりません。

＊can't make heads or tails of ～: ～がさっぱりわからない、～はちんぷんかんぷん

・My mind is all over the place.
気持ちが混乱しています。

＊all over the place：至る所に （くだけた口語）

・I'm so lost. These instructions are so confusing. I have no idea what to do next.
全然分かりません。これらの指示はとても分かりづらいです。次に何をすべきかまったくわかりません。

＊I'm so lost: とても困惑している、まったく理解できない。
These instructions are so confusing.は、These instructions are so confused としてはならない。感情を引き起こす事物について形容するときは、動詞-ing 形にする。

・I can't make heads or tails of his message. What is asking me to do?
彼のメッセージが、私にはまったくわかりません。 彼は、私に何をするように頼んでいるのですか？

（27. 10） 途方にくれている

・I have no idea what to do now.
私はもう何をすべきなのかわかりません。

・I don't know [I'm at a loss as to / I'm drawing a blank as to] what to do.
何をすべきなのかわかりません。

＊at a loss: 困って、途方にくれて
draw a blank: 何も頭から出てこない、分からない（外れくじを引く状況を想像。）

・What do you think I should do?
私は何をすべきだとあなたは思いますか？ （よく使われる表現）

・What am I going to do?
What should [shall] I do?
私はどうすればいいのでしょうか？
・I'm drawing a blank as to what to do. Can you give me some advice?
何をすべきなのかわかりません。 ちょっとアドバイスをくれる？

(27. 11) 驚きの表現

・I was surprised to hear the news.
そのニュースを聞いて驚きました。
・The new was surprising.
そのニュースは驚きでした。
・(That's) unbelievable [incredible]!
(それは)信じられません。
・It's unbelievable that ～.
～なんて信じられません。
・Can you believe that?
信じられるかい？
・I can't believe it.
信じられません。
・I was blown away when I heard he won.
彼が勝ったと聞いたとき本当にびっくりしました。
＊blow away: 吹き飛ばす ＞ ひどく驚かす
・I could hardly believe my eyes when I first saw him.
初めて彼に会ったとき、私はほとんど自分の目を信じることができませんでした。
・I could hardly believe my eyes when I saw my test score. A perfect 100!
テストの点数を見たとき、私はほとんど自分の目を信じることができませんでした。100点満点！
・It's unbelievable that a house this big was so affordable. How did you find it?
この大きさの家がそんなにお手頃価格だったなんて信じられません。どうやって見つけたのですか？
＊affordable: 手ごろな、良心的な料金の

(27. 12) 「まさか」の表現

・Are you joking?
　冗談でしょう？

・You're kidding, right?
　からかっているんだよね？

・No way!
　You can't be serious.
　Get outta here! [Get out!].
　まさか！
　＊Get outta here!: Get out of here! ここから出ていけ！ outta は発音をつづりに反映しています。

・Don't tell me ～.
　まさか～ではないでしょうね。

・You finished that video game already? Get out! It was only released two days ago.
　あなたはあのテレビゲームをもう終わらせたって？ まさか！ それは 2 日前に発売されたばかりなんだよ。

(27. 13) 「そんなはずはない」表現

・That can't be right.
　That can't be possible.
　That can't be.
　そんなはずはありえません。

・There's no way that's true / that's possible / that happened.
　それが本当の / 可能な / 起こったはずがありません。

・How can that be?
　どうしてそうなるの？

・How on earth did you do that?
　あなたは一体どうやってそれをやったの？

・I'm sorry , what?
　ごめん、何だって？

・That can't be right. We had record sales last quarter. How are we losing money?
そんなはずはありません。直近の四半期で私たちは記録的売り上げだったのです。どうやって私たちはお金を失っているのですか？

（27．14） 恐れを表現

・It scared me.
それにはびっくりしました。

・I'm scared / frightened.
怖いです。

＊scare, afraid は根深く長く続く恐怖の感情にも使えるのに対して、frighten は「一過性」の恐怖と考える人もいます。

・That's scared / frightened.
それは怖いですね。

・The story frightened me.
その物語は私を怖がらせました。

・I'm afraid [terrified / scared] of failing.
私は失敗するのが怖いです。

・I was paralyzed [frozen] with fear.
私は恐怖ですくみました。

・I was frightened by the sound of the rice cooker. I forgot it was turned on.
その炊飯器の音でギョッとしました。 スイッチが入っていることを忘れていました。

（27．15） 恥にまつわる表現

・I'm ashamed of my mistake / what I did.
私は自分の間違い / 自分がやったことを恥じています。

・I'm ashamed to be seen here.
私はここで見られたことを恥ずかしく思っています。

・Shame on you!
恥を知りなさい！

・Have you no shame?
あなたには恥というものがないのですか？

・You have no sense of shame!
あなたは恥知らずです！

＊shame は「恥」で、相手を糾弾する激しい言い回しですので不用意に使ってはなりません。

・I'm embarrassed.
私は恥ずかしいです。

・That's embarrassing.
それは恥ずかしいですね。

・It embarrasses me to admit I was wrong.
自分が間違っていたと認めるのは恥ずかしいです。

・I'm ashamed of how I behaved last night. I said things I now regret.
私は昨晩の私のふるまい方を恥ずかしく思っています。今となっては後悔していることを言ってしまいました。

(27.16) 心の平静の表現

・That's a load off my mind.
肩の荷が下りました。

・I feel so much lighter now.
今はずっと気楽です。

・What a relief!
ホットしました。

・I can finally relax.
やっとリラックスできます。（よく使われる表現）

・Calm [Settle] down.
Chill out. [Chill.]
Get a grip.
Get a hold of yourself.
落ち着いて。

＊chill: 冷える > 落ち着く、リラックスする。

・Easy easy.
まぁまぁ。

・You'll talk to Taro for me? That's a huge weight off my shoulders. Thank you so much.
　私のために太郎と話してくれるの？　すごく肩の荷が下ります。本当にありがとう。
・It's a huge weight off my shoulders.
　肩から大きな荷が下りた気持ちです。
・The meeting was cancelled? What a relief! I wasn't ready for it at all.
　そのミーティングがキャンセルになったのですか？　ホッとしました！　私はそれに対してまったく準備ができていなかったのです。

（27. 17） イライラを表現

・It drives me crazy [insane / batty] when ～.
　～するとイライラします。
・I was annoyed [irritated].
　私はイライラしました。
・That's annoying [irritating].
　それはイライラします。
・I wanna rip my hair out when ～.
　～すると髪の毛をかきむしりたくなります。
・It makes me wanna scream.
　それは私を叫びたくなる気分にさせます。
・It's like nails on a chalkboard.
　黒板を爪でひっかいている感じだ。

(27．18) 怒りの表現

・I'm angry [upset / ticked (off) / passed (off) / furious / livid].
私は怒っています（私は腹が立っています）。
＊angry: 一般的な「怒って」。upset:「ひっくり返す」のイメージで気分を害している意味でマイルドな怒り。ticked: 怒りとイライラが同居。passed: 仲間内で使う表現。furious:「激怒して」抑えることのできない怒り。livid: 怒り狂って。

・He upset me [ticked me off / pissed me off / made me angry / made me furious / made me livid].
彼は私を怒らせました。

・He flipped his lid [flipped out].
He lost it [lost his cool].
彼はキレました。

・It angers me when people post lies on social media.
人々がソーシャルメディアにうその情報を載せると、腹が立ちます。

・It angers me when people cut in front of me. I'm not standing there for the fun of it!
人々が私の前に横入りすると腹が立ちます。好き好んでそこに立っているわけじゃありません。

(27．19) フラストレーション・ストレスの表現

・It's so frustrating to deal with.
それに対処するのは、すごくフラストレーションがたまります。

・It's frustrating to talk [taking] to him.
彼と話すのはフラストレーションがたまります。

・The frustration is endless.
そのフラストレーションには終わりがありません。

・I'm so frustrated.
とてもフラストレーションがたまっています。

・I feel like I'm banging my head against a wall.
頭を壁に打ち付けているように感じます。（無駄な努力をしているように感じます。）
＊フラストレーションを抱えている状況の上手なたとえになっている。

・This job is stressing me out.
　この仕事でストレスが溜まっています。
・I'm stressed out.
　私はストレスで参っています。
＊stress out: ストレスで～を参らせる、くたくたにさせる。 定番表現。
・He's under so much stress.
　彼は大きなストレスを抱えています。
・I'm fed up with my company.
　私の会社にはうんざりなのです。
・I'm stressed out at work. The tasks are piling up, and they just keep coming.
　仕事でストレスが溜まっています。 課題は山済みで、来続ける一方です。
・I'm fed up with the office politics. I'm thinking of changing jobs.
　社内ポリティックスにはうんざりです。 転職を考えています。

（27．20） 圧倒されている状態

・It's overwhelming.
　It's mind-boggling.
　それは圧倒的（大変なもの）です。
　（どうしてそんなことが起こったのか理解できない感触を含んでいる。）
＊boggle: 仰天させる、圧倒する。 mind-boggling: 驚くべき、圧倒させるような。
・I'm overwhelmed.
　私は圧倒されています。
・It's too much for me to take in.
　私が理解する（飲み込む）には多すぎる。
・I'm having a hard time taking it all in.
　すべてを理解するのに苦労しています。
・There is more than I can handle.
　私が処理できることを超えています。
・This is beyond me.
　これは私の理解を超えています。（手に余ります。）

・I can't get head around how many people live in Tokyo. My hometown only has 1,200 people.
私はどれほど多くの人が東京に住んでいるかが理解できません。私の生まれ育った町は1，200人しかいないのです。
・I thought I was good at math, but this ...? This is beyond me. It looks like hieroglyphics.
私は数学が得意だと思っていましたが、これって...? これは私の理解を超えています。象形文字のように見えます。

(27．21) 不快感の表現

・That was uncalled for.
それは余計でした。
・There's no need for that.
その必要はありません。
・There's no need for that kind of language.
そうした言葉を使う必要はありません。
・That type of language is inappropriate.
その種の言葉遣いは不適切です。
・You can't say things like that.
そんなことは言えません。
・Take that back.
取り消しなさい。
・Watch your mouth.
Watch your language.
口の利き方に気を付けて。
・That's a bit rude.
それはちょっと失礼ですよ。
・How rude (of you).
(あなたは)なんて失礼なのでしょう。
＊rude: 失礼な
・That's downright offensive.
それはまったく不快です。
＊offensive：相手を深く傷つけ怒らせるような

・That was uncalled for. You had no right to bring up his past like that.
それは余計な一言でした。あなたには彼の過去をあんなふうに持ち出す権利はありませんでしたよ。

・That's a bit rude. You can criticize his management style saying he's a bad person.
それはちょっと失礼です。あなたは、彼が悪い人と言わずに彼の経営スタイルを批判することができますよ。

(27. 22) どきどき・わくわくの表現

・That's thrilling.
それはわくわくしますね。

・I'm thrilled.
私はわくわくしています。
＊thrill: excite よりも短期間盛り上がる感触の動詞。

・It's going to be a lot of fun.
とても楽しくなりますよ。

・(I) can't wait!
待ちきれません！

・I'm looking forward to the concert / meeting you.
コンサート / あなたと会うことが楽しみです。
＊look forward to: 抑制のきいた「わくわく」。

・There's never a dull moment.
退屈な時間はありません。

・I can't contain my excitement.
興奮を抑えることができません。

・I'm so excited about this classic movie about Gone with The Wind.
私は、「風と共に去りぬ」についてのこの古典映画にとても興奮しています。

(27. 23) 面倒くさい

・Why bother?
どうしてわざわざ？

・Why bother dressing up [to dress up].
どうしてわざわざドレスアップするの？

・It's too much work [trouble].
あまりにたくさんの仕事(トラブル)－＞面倒くさい。 (よく使われる。)

・It's not worth the effort / it / watching.
努力する / その / 見る価値はありません。
＊It's not worth～: ～の価値がない。 価値がないことを述べることによって、「面倒くさい」気持ちを表す。

・I don't see the value in it.
それに価値は見出せません。

・Why even worry about that?
どうしてそんなことを気にするの？

・What's in it for me?
私にどんな得があるのですか？ (少し遠回しな「面倒くさい、やりたくない。」

・Why bother making a reservation? That restaurant is never full.
どうしてわざわざ予約しなくちゃならないの？ そのレストランは決して満席にはなりません。

（27．24） 柔らかく意見を述べる

・I'm afraid / I feel this is not the right time to ～
　～するのに今は適切な時ではないと私は思い / 感じます。
・It feels like you're missing my point.
　あなたは私の論点がわかっていないような気がします。
・It seems [appears] to me that you don't practice enough.
　あなたは十分練習してないように見えます。
＊seem, appear:　～のように見える，思われる（主張を和らげる典型的な言い回し。） seem のほうがやや深みを感じるフレーズ。
・I can't help thinking / feeling ～
　～と思われて / 感じられてなりません。
・I'm afraid this is not the right time to make an important decision.
　今は重大な決定をするのに適切な時ではないと私は思います。
・It seems to me that you haven't listened to a word I said. I told you what would happen.
　あなたは、私が言ったことを少しも聞いていなかったように私には見えます。何が起ったのか、あなたに言いましたよね？
＊a word:　聞かないところに「少しも」が宿ります。

8.2.28 質問が出尽くした場合　Typical Expressions #8.2.28

・Are there any more questions? If not, I'll finish my presentation here.
他にご質問はございますか。無いようでしたら、ここで私のプレゼンテーションを終わります。

・If you don't have any more questions, I'd like to finish my presentation.
もうご質問がないようでしたら、プレゼンテーションを終わりにしたいと思います。

・Are there any more questions? If not, it looks like we are finished for today.
他にご質問はございますか。無いようでしたら、今日のところはどうやら終わりのようです。

・If there are no more questions, we'll finish this session here.
ご質問が無ければ、これで終わりにしたいと思います。

・Any more questions? If not, thank you for your attention.
他に質問はありますか。無いようであれば、ご清聴頂きありがとうございました。

・It looks like we're finished. Thank you for your kind attention.
もう質問は出尽くしたようですね。ご清聴頂きありがとうございました。

・Most of all, I hope you enjoyed my presentation.
何よりも、皆さんが私のプレゼンテーションをお楽しみいただけたならと思っています。

＊Most of all：何よりも一番、とりわけ。
I hope you enjoyed～:「お楽しみいただけたなら幸いです。」決まり文句。

・I want to talk about other things.
私は別のことについて話したいと思います。

・I expect you all to participate actively in class.
私はすべての皆さんが積極的に授業に参加することを期待します。

＊expect: 期待する、目下に強い圧力をかける言いまわし、desire: 強く望む、require: 要求する・必要とする。

・I expect that we'll finish soon.
私たちはすぐに終わると思います。

・It's possible that we won't have time for Q&A. Thank you for your understanding.
私たちは質疑応答の時間がなくなる可能性があります。ご理解のほどよろしくお願いいたします。

＊It's possible that ～: ～の可能性がある、～はあり得る　その他で may も使える。
＊Thank you for your understanding.: 事前の感謝を表す決まり文句。

8.2.29 時間切れとなった場合　Typical Expressions #8.2.29

・I'm afraid we are out of time, but thank you for your questions.
　申し訳ありませんが、時間切れのようです。ご質問を頂きありがとうございました。
・It looks like my time is up for now.
　どうやら今日のところは時間切れのようです。
・Time is running short.
　時間がなくなってきています。
　＊The well ran dry: （井戸が枯れた）の言い回しもあり。
・It's possible that we won't have time for Q&A. Thank you for your understanding.
　私たちには質疑応答の時間がなくなる可能性があります。ご理解のほどよろしくお願いいたします。
・Look what time it is!
　もうこんな時間だ。
・I guess we don't have time for questions now. But I'll be happy some time with you after we are finished.
　どうやらもう質問の時間がなくなったようです。でも、終わってからでしたら喜んで少し時間を取らせて頂きます。
・Let me summarize the main points of my presentation.
　私のプレゼンテーションの主な点をまとめさせてください。
・That is it.
　（話の最後で）これで終わりです。
・I'm sorry, but there's no time left for questions.
　すみませんが質問の時間はまったく残されていません。

8.2.30 締めくくりの言葉を告げる Typical Expressions #8.2.30

・Now I would like to finish my presentation.
これで私のプレゼンテーションを終わりたいと思います。

・Now this brings me to the end of my presentation.
さて、これをもちまして私のプレゼンテーションを終わらせて頂きます。

・That concludes my presentation.
これにて私のプレゼンテーションを終わらせて頂きます。

・Now that I'm finished, I'll be happy to take [be glad to answer] your questions.
この辺で終わりますが、ご質問がございましたら喜んでお受けします。

・That is all for today.
本日のところはこれで終わります。(社内用プレゼンテーションといった仲間内のプレゼンテーションで使う)

・As I am sure you can understand by now ...
これまでの話で・・・をご理解願えたと思いますが。

・Therefore, we know that ...
以上をまとめると・・・です。

・I'm looking forward to the day when we can all be together again.
私たちみんながまた集まれる日を楽しみにしています。

・I'm not very good at reading between the lines.
私は行間を読むのが、あまり得意ではありません。
＊read between the lines: 行間を読む(真意を理解する)

・Let's call it a day.
今日はここまでにしましょう。

・Anyway, that's all for today.
さて、今日はここまでとします。
＊ anyway: とにかく、ともあれ
By the way: ところで、 in any case: どのみち、とにかく

（30．1） お別れの言葉

・See you (later). [Take care (of yourself). / (Good-)bye. / Cheers.]
　さようなら。

・From the bottom of my heart, thank you for everything. See you later.
　本当に（心の底から）、何もかもありがとうございました。それでは。

・It's been an honor and a pleasure to work with you. Take care.
　あなたと仕事をするのは光栄で喜びでありました。それでは。

・Thank you both for taking good care of me. See you around.
　2 人とも私の面倒をよく見てくれてありがとう。さようなら。

・Words cannot express how thankful I am for everything you've done. See you around.
　あなたがしてくれたことすべてにどれほど私が感謝しているか、言葉では表すことができません。それでは。

・I look forward to the day we can meet again. See you later.
　またお目にかかる日を楽しみにしています。 それでは。

8.2.31 感謝の辞を述べる Typical Expressions #8.2.31

・Thank you very much for your kind attention.
ご清聴頂きまして、ありがとうございました。

・Thank you for listening.
ご清聴をありがとうございました。

・Thank you for your time.
お時間を頂き、ありがとうございました。

・I appreciate your kind attention.
ご清聴頂き感謝します。

・I really enjoyed talking to you. Thank you very much.
皆さんにお話できて本当に楽しかったです。どうも有難うございました。

・Finally, I would like to thank you all for listening to my presentation.
最後に、私のプレゼンテーションを聞いていただき、すべての方々に感謝いたします。

＊would like to: want を避けて、「引いた」感触を持つ大人の表現。
thank 人 for ～: ～につて人に感謝する。

・As soon as I finish, I will be happy to take any questions.
終わり次第すぐ、質問を喜んで受け付けます。

・In conclusion, I'd like to thank you once again for inviting me to speak this evening.
最後に、今晩私をスピーチにお招き頂きましたことに改めて感謝いたします。

＊in conclusion: 最後に～。to conclude 結論として、まとめると。to sum up 要約すると、まとめると。

・May I take this opportunity to thank everyone for their support?
この機会をお借りして、皆さんにそのお力添えについて感謝してよろしいでしょうか？

＊take opportunity: 機会を利用する

・We made it through with your help.
私たちはあなたの助けで成功しました。

・Thanks a lot. Your explanation was helpful.
どうもありがとう。あなたの説明は助けになりました。

・I am deeply grateful to you all your support.
すべての皆様のご支援に深く感謝しています。

(31.1) ありがとうの表現

・Thank you so much. / Thanks. / Thanks a lot. / Thanks a million. / I can't thank you enough.
　ありがとう。
Thank you for ～　～をしてくれてありがとう。
I'm grateful for ～　～に感謝しています。
I' m sorry for ～　～をしてごめんなさい。
I apologize for ～　～を謝罪します。

・I am happy with the presentation / your proposal / myself / this job.
　私は、そのプレゼンテーション / あなたの提案 / 自分自身 / この仕事に満足しています。

・I'm happy / sorry to inform you that ～
　喜んで / 残念ながら～をお伝えします。

・I am deeply grateful to you all your support.
　すべての皆様のご支援に深く感謝しています。
＊grateful: thank you よりも興奮度の低い、謙虚さを感じる言い回し。

・I'm very grateful for that.
　そのことを私はとても感謝しています。

・I appreciate that / it / your offer / your help.
　それ / それ / あなたの申し出 / あなたの助力に感謝します。
＊appreciate: thank you よりも深い感謝が感じられる。目的語が you でなく、「相手のしてくれたこと、相手の発言」になる。

・Much appreciated.
　とても感謝します。

・I'd [I would] really appreciate it.
　そうしてくれれば本当にありがたいのですが。（事前の感謝）

・Thank you for coming to see me.
　会いに来てくれてありがとう。

・I appreciate that. Your kindness really helped me feel welcome here.
　感謝いたします。あなたの親切は、本当に私がここで歓迎されていることを感じる助けとなりました。

・I'd really appreciate it if you came with me. I'd feel a lot more confident with you there.
　あなたが私と一緒に来てくれたら本当にうれしいのですが。そこにあなたがいるなら、私ははるかに自信が持てるでしょう。

<プレゼンテーションの準備・技術・反省>

8.2.40 準備について Typical Expressions #8.2.40

・Good luck with your presentation.
プレゼン頑張ってね。
＊Good luck with＋頑張る対象
Good luck on ＋頑張る対象
Good luck in ＋頑張る場所

・You must be very busy preparing for it.
あなたはその準備で大忙しに違いありません。

・The point is that you should have prepared much better.
大切なポイントは、君はもっとよく準備をするべきだったということだ。
＊the point is that: 要点は～、大切なことは～。 should have: ～をすべきだった（実際には行わなかったことを残念に思う表現）。

・In my opinion, we should practice before the presentation. What do you think?
僕の意見だけど、プレゼンの前に練習する必要があるね。君はどう思う？

・For a good presentation, above all you must keep it simple.
いいプレゼンテーションをするには、何よりもそれをシンプルにしておかなくてはなりません。
＊keep it simple: it=simple に keep（保っておく）のこと。above all: 何よりも。above all, among others, particularly 特に、そして何よりもなどあります。

・Today, I will talk about key elements of any presentation: preparation, passion, and humor, among others.
今日はあらゆるプレゼンテーションにおける大切な要素について話をしましょう。とりわけ、準備・熱意・ユーモアについてです。
＊key element: カギとなる（主要な）要素。among others: 特に、とりわけ

・Here is the first draft of my presentation. Am I on the right track?
私のプレゼンの最初の原稿です。内容の方向性は間違っていませんよね。
＊track:「道 ＞ 軌道」自分は正しい道筋の上にあるのか、方向性を尋ねる表現です。

・I'm not sure what topic to choose for my speech. Can you give me some ideas?
スピーチのためにどんな話題を選んでいいのか分かりません。 少しアイデアをくれませんか？
＊what topic to: どんな話題を～するべきなのか

・We're now expecting around 200 people. We'll have to book a large conference room.
私たちは現在200人ほど見込んでいます。もっと大きな会議室を予約しなければならないでしょうね。

・Could you possibly organize it?
あなたに仕切って頂くことは出来ませんでしょうか。

＊Could you possibly～？: ～して頂けないでしょうか。
possibly は「ことによると」といったかなり低い可能性を表す表現です。控えめな丁寧さにつながっています。

・We need you to see to it that everything in order.
君にはすべて問題ないように取り仕切ってもらう必要があるのですが。

＊in order: 順調で、キチンと間違いなく

・What's on the agenda？
何が議題に上っているのですか。

＊agenda: 議題、(取り組むべき) 課題。

・Good idea. That will save you a lot of hassle.
いい考えだね。その方があれこれ面倒がなくていいよ。

＊hassle: 面倒なこと、手間

・I'm scheduled to make a speech in English next Friday, Can you help me?
来週金曜日、英語でスピーチすることになっています。 手伝ってくれますか？

＊be scheduled: 予定されている。 to は「これから」

・I'd like to fix the schedule now, if possible. How about 9:30 this Wednesday?
もし可能なら今スケジュールを決めたいと思います。 今週水曜 9 時半はいかがでしょう？

＊fix: 固定する。(日時・場所などを) 決める

・You always find a great way to compromise!
君はいつもすばらしい妥協案を考え付きますね！

＊compromise: 妥協する。名詞の説明、歩み寄るための素晴らしい案。

・I'm finding the amount of preparation a bit overwhelming.
準備の量がとても多いことが、私には分かってきました。

＊overwhelming: (量・大きさ・強さが) 圧倒的な

・I finished writing the text of the presentation.
プレゼンテーションの文章を書き終わりました。

・Don't worry, I can handle it. It's a piece of cake. I've done this hundreds of times.
心配せずに、私に任せてください。簡単ですよ。何百回もやったことがありますから。
＊Don't worry: 心配しないでいい。（自信を表す典型的な言い回し。）

・I've given so many presentations. You can count on me.
これまでたくさんのプレゼンテーションをしてきたから。僕を頼りにしてくれていいよ。

・Having an extra rehearsal every week will be fine with me.
毎週追加のリハーサルをしてもかまいませんよ。
＊That's fine with me: 私はそれでかまいません。 suits me fine: 「良いですよ。」とも同様表現。

・You'd be giving the same presentation as mine.
あなたは、私のものと同じ発表をすることになるでしょう。

・OK, I've completed my sections for the presentation.
さて、プレゼンで私が担当する項目は書き終えました。

・I've been looking over your text of the presentation, and I'd like to point out several areas of concern.
君のプレゼンテーションの文章に目を通して、気になる点をいくつか指摘したいと思っています。
＊looking over: 目を通す　areas of concern: 関心事、気になる箇所。

・This is when you make your speech.
(式のプログラムを検討しながら) ここであなたがスピーチをするのです。
＊make speech: 演説・スピーチをする。

・Let me know if you need help.
手助けが必要なら教えてね。

・Let me know if Friday works for you.
金曜日はあなたの都合がいいか教えて。
＊work for ～: （日程や予定などが）～にとって都合がいい

・I just want your presentation to be a great success, that's all.
私はただ、あなたのプレゼンテーションが大成功してほしいと思っている、ただそれだけです。

・Maybe you should put on your jacket.
多分あなたは上着を着るべきです。

・I always want to look good in front of people.
私はいつも、人前では身だしなみをきちんとしていたいのです。

・I'm more confident than I have ever been.
私は今までで一番自信があります。

・I've been looking forward to seeing you in person.
じかにお目にかかれるのを楽しみにしていました。
＊in person：じかに、本人が直接。
・Could you look over this brief for me?
私のためにこの要約に目を通していただけますか？
＊look over：ざっと目を通す
・Sorry, I have to prepare for tomorrow's presentation.
すみません。 私は明日のプレゼンテーションの準備をしなくてはなりません。
・This is your ID. You must keep it on you at all times.
これはあなたの ID です。常時身につけていなければなりません。
＊on は接触 ＞ 身につけて。
・Keep in mind that there's no free Wi-Fi.
無料の Wi-Fi がないことを心に留めて置いてください。
・Be careful not to leave anything behind.
忘れ物をしないように注意しなさい。
・I downloaded some great free software for presentations.
私はプレゼンテーション用に、この素晴らしい無料ソフトをダウンロードしました。
・Wouldn't be possible for you to check my speech? I need an honest opinion.
私のスピーチをチェックして頂くことは可能でしょうか？ 正直な意見を必要としています。
・I recommend that you go to bed by 10 pm. We have an early start tomorrow.
午後 10 時までに寝ることをお奨めします。 私たちは明日、スタートが早いから。
・It looks like these seats have already been taken. Let's find another spot.
これらの席はすでにとられているようです。 別の場所を見つけましょう。
＊it looks like～：～のようです。Look より appear の方が「かっこよい言い方」。
・I really messed up. I thought no one was using the conference room.
本当に失敗しました。 私は誰も会議室を使っていないと思っていたのです。
・I'm thinking we invite local celebrities.
地元の名士を招待することを考えています。
＊計画の柔らかい述べ方です。
・I'm scheduled to speak at the opening ceremony. What should I wear.
オープニングセレモニーで話をする予定です。何を着るべきでしょうか？

8.2.50 プレゼンテーション技術　Typical Expressions #8.2.50

・First, find out what your audience needs and wants to know.
まず聞き手が何を知ることを必要とし、欲しているかを見つけ出しなさい。

・Second, prepare interesting and convincing information and ideas.
次に、興味深い、説得力のある情報やアイデアを用意しなさい。

・Lastly, practice how you deliver the presentation.
最後に、プレゼンテーションのやり方を練習しなさい。
＊deliver: (講演や演説、プレゼンテーションなどを) 行う、配達する、届ける。

・The problem is that you haven't grasped the importance of body language.
問題はあなたがボディランゲージの重要性を理解していないことにあるのです。
＊the problem is that: 問題は～、よく使われる表現。 grasp：つかむ、理解する。
現在完了形で「(今も)わかっていない」と現在の状況に焦点を当てて話している。

・In my opinion, you should make more eye contact with the audience.
私の考えでは、あなたは聴衆ともっとアイコンタクトをとるべきです。
＊in my opinion: 「私の考えでは」と定型表現。audience：聴衆

・It's very difficult to make a presentation, especially in a foreign language.
プレゼンテーションを行うのはとても難しい、特に外国語では。
＊especially：特に、とりわけ。

・It's a tricky situation. I'm not sure how to handle it. I' d appreciate any advice.
難しい状況です。私にはどうやって対処すべきかわかりません。どんなアドバイスでもありがたいのですが。

・It's of great importance to develop your listening skills. This will reduce the chance of miscommunication.
聞き取りの技術を伸ばすのは大変重要なことです。 それによりミスコミニュケーションの可能性は減るでしょう。

・You'd better put more emotion into your speech if you want to impress the judges.
もしジャッジに好印象を与えたいなら、もっとスピーチに感情をこめなくてはなりません。
＊put：「置く」と訳されますが、ある場所に「位置づける」一般を表す。

・The kindest thing that we can do for others is to listen to them.
私たちが他人にできる最も親切なことは、話を聞いてあげることです。
＊関係代名詞で迷ったらthatを使う。the first、the las、最上級を含む語句、all, any、every、no が付く場合も that 優先。

・I wish someone had taught me the importance of effective communication skills.
誰かが効果的なコミュニケーションスキルの重要性について、私に教えてくれていれば良かったのに。

・Answer as many questions as possible.
可能な限り、多くの質問に答えなさい。

・To know is one thing, and to teach is another.
知っていることと教えることは別物です。

・I think we should put more emphasis on speaking skills than reading skills.
私たちは読解のスキルよりもスピーキングのスキルを重視すべきだと、私は思います。

＊put emphasis on ～:　～に重きを置く

・Are you good at designing presentation slides?
君はプレゼン用のスライドをデザインするのは得意かい？

・How did you come by this information?
この情報をどうやって手に入れたのですか？

・I think I can fix the problem by myself.
私はひとりで問題を解決できると思います。

・Practice hard, and you'll improve.
一生懸命練習しなさい、そうすれば上達しますよ。

・If you practice in front of a mirror, you will improve your presentation skills.
もし鏡に前で練習すれば、あなたはプレゼンテーション技術を伸ばすことが出来るでしょう。

・How can we make it more interesting?
どうすれば、それをもっと面白くできるのでしょう？

・I want to improve my communication skills. I'd appreciate your advice.
私は自分のコミュニケーションスキルを上げたいのです。アドバイスを頂けるとありがたいのです。

・You're starting to get the hang of it.
コツを掴み始めましたね。

8.2.60 プレゼンテーション後の反省　Typical Expressions #8.2.60

・This was an especially enjoyable lecture, designed especially for English teachers.
　この講義は特に英語の先生たちのために企画された、特に楽しい講義だった。

・Your introduction was especially striking.
　君の導入は特に印象的だったよ。
＊striking：目立つ、印象的な。

・When all is said and done, I think our presentation went pretty well.
　何のかんのと言っても、私たちのプレゼンテーションはかなりうまくいったと思います。
＊when all is said and done: 様々な点を考慮すると、詰まるところ、結局のところ。

・On the whole, you can be very satisfied with your first-ever presentation. We'll be done.
　全般的に、君は初めてのプレゼンテーションに非常に満足していい。よくやった。
＊be satisfied with: ～に満足する。first-ever：初めての、ever:（これまでの）という強調が加わっている。

・To put it briefly, the feedback on your presentation was extremely positive.
　一言で言えば、君のプレゼンテーションへの反響はきわめて肯定的でした。
＊feedback：フィードバック・反響・感想。

・The response was positive on the whole, but there is a lot of room for improvement.
　全般的には反応は良かったが、改善の余地は多々ある。
＊room：不加算の room は「余地・スペース」の意。

・As far as I know, about 100 people will attend your presentation.
　私の知る限り、およそ100名の人々があなたのプレゼンテーションに出席します。
＊As far as：私の知る限り（自分の知識のおよぶ範囲を示す）。

・Immediately after this section, let's take a short break.
　このセクションの後すぐに、小休憩をとりましょう。

・I made a poor presentation. Worst of all, we lost the deal.
　ひどいプレゼンテーションをしてしまった。最悪なことに、私たちはその契約を失ってしまったのだ。
＊poor：質がわるいこと全般を表す表現。deal：契約・取引。

・Nobody should criticize Taro's presentation, least of all you.
　誰も太郎のプレゼンテーションを批判すべきではない。特に君はね。
＊least of all：特に。 most of all, best of all も同様。

・As the speech went on, I got more and more bored.
演説が続くにつれて、どんどん飽きてきた。

・In a word, your presentation was monotonous and boring.
一言で言えば、君のプレゼンテーションは単調で退屈だったということだよ。

＊in a word: 一言で言えば。同様な表現は、to put it briefly、in a nutshell、in short などがある。

・In short, you have to rewrite the entire script.
手短に言えば、あなたは台本を書き直さなくてはならないということです。

＊script：台本・スピーチ原稿

・It was interesting, but there was too much information. It's a bit overwhelming.
面白かったけれど、情報が多すぎたかな。ちょっと手に負えない感じです。

＊overwhelming: （量・力などが）圧倒的な、手に負えない。

・Thank you so much. Let me treat you to lunch. It's the least I could do.
どうもありがとう。昼食をご馳走させて。それぐらい当然のことです。

＊let を使ったカジュアルな申し出。 treat から to …. (〜を….でもてなす（おごる)。 the least は「最小のもの、最小限度」。これによって「もっとやるべきなのですが」のニュアンスを出しています。

・Wow! Your pronunciation has improved tremendously. You sound like a native speaker!
わあ！ 君の発音はものすごく進歩したね。ネイティブスピーカーのように聞こえるよ！

＊improve: 上達する、改善する。 tremendously: ものすごく、途方もなく。

・That was an outstanding presentation. You definitely have what it takes.
あれは素晴らしいプレゼンテーションでした。 あなたには絶対に才能がありますよ。

＊have what it takes: （何かをするために）必要な資質がある。

・You did it! I knew you had it in you.
やったね！ あなたならできると分かっていました。

・I should have prepared much better for the presentation.
私はもっとしっかりプレゼンターションの準備をするべきでした。

・This is why you should double-check all the equipment before you start.
（マイクの故障でプレゼンテーションが台無しになった友人に）これはあなたが開始する前にすべての機器を再確認すべき理由です。

・How did the audience react?
聴衆者から何て言われたの？

＊feedback from the audience の表現でも。

・The first half was really interesting, but then it got boring.
前半はとても面白かったのですが、それからつまらなくなりました。

・I left the conference filled with new ideas and enthusiasm.
私は新しいアイデアとやる気に満たされて会議を後にしました。

・I was a little disappointed.
私は少しガッカリしました。

・Do you have a problem with participants sleeping in your presentation?
あなたのプレゼンテーションでは、寝ている聴衆についての問題はありますか？
＊a problem with： ～に関連する問題

・I came to the conclusion that it was pointless discussing with her.
私は彼女と何を話していても無駄だという結論に達しました。

・Tanaka-San is the audience who impressed me the most.
田中さんは私が最も感心した受講者です。
＊impress： 感動・感銘を与える、好印象をあたえる。

・Clearly, they got hold of the wrong end of the stick and completely misunderstood our proposal.
明らかに彼らは勘違いをして、完全に私たちの提案を誤解していました。
＊got hold of the wrong end of the stick： 違い, 思い違いをする。
（棒の間違った端をつかむこと）

・Her lecture was truly inspiring.
彼女の講義は本当に感動ものでした。
＊inspiring： 奮起・感激させるような　inspire: 奮起させる、感激させる。

・No sooner had I shouted at her than I regretted it.
彼女にどなってしまって直ぐに、私は後悔しました。
＊no sooner ～ than: するや否や

・That was a great presentation, don' you think?
あれは素晴らしいプレゼンテーションでしたね、そう思いませんか？

・I was very disappointed by her comments.
私は彼女のコメントにとてもがっかりしました。

・Many people were annoyed by his comments.
多くの人々は彼のコメントにイライラしました。

・Many students were seen to be sleeping during his lecture.
たくさんの学生が、彼の講義の間、居眠りをしているのを見られました。
＊be seen to～： ～をするのを見られた

・Tanaka-San wanted to give this presentation himself. But unfortunately, he is sick today.
田中さんは今回のプレゼンテーションを自分でしたかったのですが、残念ながら、今日は体調が悪いと言うことでした。

・I' not as talkative as him.
私は彼ほど話し好きではありません。
＊talkative：話し好きな、おしゃべりな
＊as him：一番使う表現。 他には as he is、 めったに as he。

・Tanaka-San is as dedicated a speaker as any of my staff.
田中さんは、私のスタッフの誰にも劣らず献身的な演説者です。

・I tried as hard as I could.
私は出来る限り一生懸命やってみました。

・There were no more than ten people present.
There were not more than ten people present.
10 人しか出席者はいませんでした。
＊not が至って平板な「10人を超えていない」となるのに対して、no には「たったそれだけ」というガッカリ感が込められています。

・No less than 100 people came to my lecture. Amazing!
100 人も私の講義に来てくれたのです。 凄い！
＊no less than: 強調表現。「100 人も」という大きな喜びが感じられます。

・Only a few people came, All the same, it was a successful event.
数人しかきませんでしたが、それでも成功したイベントでした。
＊all the same: ～にもかかわらず
despite ～、in spite of ～: ～にもかかわらず。

・He was not trying to drive you crazy.
彼はあなたを怒らせようとはしていなかったよ。
＊drive ～ crazy: ～をひどくイラつかせる、怒らせる

・Being ignored is a horrible experience.
To be ignored is a horrible experience.
無視されるのはひどい経験です。
＊Ignored is a horrible experience: とは言わない。

・You had the entire audience shaking with laughter.
あなたは聴衆全員を、体が震えるほど笑わせた。
＊shake with laughter: 体を震わせながら笑う

・I don't want to talk about it, OK? Just leave me alone.
それについて話したくありません。 いいですね？ いいから放っておいてください。
＊leave me alone： 放っておいて、独りにしておいて、そっとしておいて（決まり文句）。

・I'll take your advice.
私はあなたのアドバイスに従います。

・What does it take to be a good teacher?
良い先生になるために何が必要ですか？

・What should I say?
私は何を話すべきでしょうか？

・Watch your mouth.
口の利き方に気を付けて。

・I apologize. I'll see to it that this never happens again.
おわびいたします。こうしたことが二度と起こらないようにいたします。
＊see to it（それを確実にする、取り計らう）と述べてから、it の内容を that 節で説明。

・The lecture was so excellent I cannot forget it.
その講義はとっても素晴らしく、私は忘れることができません。

・I wasn't at my best today.
今日は、私はベストの状態ではありませんでした。

・Taro is good at public speaking.
太郎は人前で話すのが得意です。

・You knew all along that she was joking, right?
あなたは、初めから彼女が冗談を言っていると分かっていたのですよね？
＊all along：初めからずーと　right?：だよね？

・People are liable to gossip.
人はとかくうわさしがちです。
＊liable to： ～しがち（好ましくない傾向に用いる。）

・Honestly, it was a little disappointing.
正直に言うと、それはちょっと期待外れでした。
＊honestly：正直に、誠実に

・I didn't find them funny at all.
それらを面白いとはまったく思いませんでした。

・Some guests were bored by the speeches.
スピーチにうんざりしていた招待客もいました。

・I think they were relieved more than anything else.
彼らは何よりもホッとしたと思います。

・You must overcome your fear of making mistakes, or your presentation will never improve.
　あなたは間違いをすることへの恐れを乗り越えなければなりません、さもないと、あなたのプレゼンテーションは決して伸びません。

・You really must stop being so hard on yourself.
　あなたは自分にそんなに厳しくするのをやめなくてはなりません。
　＊stop は、「～をすることをやめる」と動詞句的内容を目的語とするときには、to 不定詞ではなく動詞-ing を選びます。
　＊be hard on： キツく当たる。 on のイメージが「圧力」につながった使い方。

＜参考＞

It was exciting.　それは刺激的なものでした。
It was thrilling.　それはスリル満点なものでした。
It was satisfying.　それは満足のいくものでした。
It was pleasing.　それは喜ばしいものでした。
It was disgusting.　それは実に嫌なものでした。
It was surprising.　それは驚くべきものでした。
It was inspiring.　それはやる気を起こさせるものでした。
It was encouraging.　それは励みとなるものでした。
I was excited [thrilled / satisfied / pleased / disgusted / surprised].
　私は興奮しました/スリルを味わいました/満足しました/ 喜びました/むかつきました/おどろきました。

・It's sometimes hard to know whether Taro is joking or not.
　太郎が冗談をいっているのかそうでないかを知るには、時折難しい。

・Whatever I do, I'm not satisfied with the result.
　何をやっても、私はその結果に満足できません。

・Her presentation was excellent, especially her use of gestures.
　彼女のプレゼンテーションは素晴らしかった、特にジェスチャーの使い方がね。
　＊especially： 特に（顕著なものをひとつ取り出している。）

・Your presentation was great. But it feels like you need to focus more on basic presentation skills such as body language and time management.
　あなたのプレゼンテーションはよかったです。 でもボディランゲージや時間管理など、基本的なプレゼンのスキルにもっと注目する必要があるような気がします。

・All in all, the results are very encouraging.
全体として、その結果はとても心強いものです。
＊all in all、on the whole: 全体として、おおむね
encouraging: 勇気づけるような、励みとなる
・Sorry to interrupt, but can I have a word with you after you finish up this presentation?
邪魔をしてすいませんが、あなたがこのプレゼンテーションが終えたあと、ちょっと話せますか？
・Take a look at my draft. Am I on the right track?
私の下書きを見て。 こんな感じで合っていますか？（正しい道筋にありますか？）
＊Am I on the right track? 正しい道筋にありますか？
Are you comfortable with that? あなたはそれでよろしいでしょうか？
Are we on the same page? 私たちは同じ考えでしょうか？
Are we on the same wavelength? 私たちは同じ考えでしょうか？
・I'm going to complain to the manager. Do you think I'm overreacting?
マネジャーに文句を言いに行くつもりです。 過剰反応していると思いますか？
＊overreact: 過剰反応する
・Do you think I'm going too far? やり過ぎだと思いますか。
Do you think that's justified? 正当な行為だと思いますか？
Justified:（行為・感情に）正当な理由がある、無理がない
・Her presentation was half-baked with missing slides and incomplete data, leaving the audience dissatisfied.
彼女のプレゼンテーションは、スライドが足りなかったり、データが不完全だったりと中途半端で、聴衆を不満にさせた。
＊half-baked: 中途半端。（何かを始めたけれども、完了に至らなかった場合にぴったりです。）
・Using a translation app for an important business presentation was a half-measure that led to misunderstandings.
重要なビジネスプレゼンで翻訳アプリを使うのは、誤解を招く中途半端な対策だった。
＊half-measure: 中途半端。（中途半端な手段を取ったり妥協したりすることを指す名詞）
・I'm proud of you. You should be proud of yourself. too.
私はあなたを誇りに思っています。 あなたも自分を誇りに思うべきですよ。

・That's not like you at all.
それはまったくあなたらしくありません。

・You're not your usual smiling [energetic / confident/ calm)/ level-headed / easy-going self].
いつもの、にこやかな、(活動的な)、(自信のある)、(穏やかな)、(冷静な)、(のんびりした)君らしくありません。

・That's not like you at all. You're always so level-headed.
それはまったくあなたらしくありません。 あなたはいつも凄く冷静ですよね。

・You should have seen that coming.
そういうことになると、あなたは思うべきでした。

・You got what you deserved. You didn't prepare for the presentation at all.
身から出た錆ですよ。 あなたはプレゼンテーションに向けてまったく準備しませんでしたね。

＊身から出た錆ですよ、自業自得ですよ:
You got what you deserved.
You got what you asked for.
You were asking for trouble [it].

・You reap what you sow.
自分で蒔いた種は自分で刈り取るものですよ。

・What's that look for?
そんな顔してどうしたの？

・Something seems fishy about his story. I think he might be lying.
彼の話は何かうさんくさい。 ひょっとして、うそをついているのではと思います。

＊fishy: うさんくさい、インチキくさい。might は may の控え目な表現。
「ひょっとして～かもしれない。」

8.2.61 緊張・不安について　Typical Expressions #8.2.61

・I get nervous when I give a presentation.
プレゼンテーションをするときは、緊張するのですよ。

・It's impossible not to feel nervous, especially if your boss is in the audience.
緊張しないなんて無理だよ、特にもしボスが聴衆の中にいたとしたら。

・My mind went blank as I was giving my speech.
スピーチをしているとき、頭が真っ白になった。

・Many things went wrong with my presentation, worst of all, my mind went blank.
私のプレゼンテーションで上手くいかないことはたくさんありました。最悪だったのは、頭が真っ白になってしまったこと。
＊worst of all: 最も悪い（困った)ことに。

・It's natural to feel anxious, especially in high-stress situations like public speaking.
不安になるのは自然なことです、特に人前で話すような高いストレスがかかる状況では。

・You're bound to feel nervous.
君は絶対緊張するよ。
＊be bound to:「(必ず) ～をすることになる」 非常に高い可能性を表す。
feel nervous: 出来事を目の前にした「不安・緊張」で「緊張する」。

・I'm sure/certain that we can work it out.
うまくやれると確信しています。
＊sure が主観的な「きっとそうなる」に対し、certain は客観的な「きっとそうなると言える」であり、確信の度合いが高まる。

・The important thing is to relax.
大事なことはリラックスすることです。

・Why do you never show your feelings?
どうして君はいつも感情を表に出さないの？
＊Why do you never～: どうしていつも～しないのですか？ 習慣的にしないことの批判。

・I always become nervous when I make a speech.
スピーチをするとき、私はいつも緊張します。

・Tell him to mind his own business.
彼に口出ししないように言ってください。
＊mind one's own business: 口を出さない、干渉しない。

・You're the one who's nervous.
　緊張しているのはあなたです。
・This is a once-in-lifetime opportunity.
　これは一生に一度の機会です。
・You look scared.
　あなたはおびえているように見えます。
・I'm sorry. I won't let it happen again.
　申し訳ありません。もう二度と起こさないようにします。
　＊let it happen： 起こさないように。 It が happen するのを許す。
・My presentation isn't as demanding as I expected.
　私のプレゼンテーションは思っていたよりも厳しくはありません。
　＊demanding： 要求の多い＝厳しい
・I had uncontrollable bouts of coughing. I tried not to cough, but I just could not stop.
　私の咳がどうにも止まらなくなってしまって。咳をしまいと頑張っても、止められなかったのです。
　＊bout：（病気などの）発作
・Please try not to upset anyone, OK?
　誰も怒らせないようにしてくださいね、いい？
・The audience may or may not find my jokes funny.
　聴衆は私の冗談を面白く思うかも知れないし、そうでないかも知れません。
　＊may not は mayn't と省略は出来ない。
・I've never been so embarrassed in my entire life.
　これまでの人生で私はそこまで恥ずかしいと思ったことはありません。
　＊embarrass： 恥ずかしいと思わせる、当惑させる。
・To speak in public is always nerve-wracking.
　人前で話すのはいつも神経がすり減ります。
　＊nerve-(w)racking: 神経を悩ませる、いらだたせる
・The pressure is beginning to tell on him.
　そのプレッシャーが彼に悪影響を及ぼし始めています。
　＊begin to tell on me： 体にこたえ始める（悪影響を及ぼし始める。）
・Above all (else), relax and enjoy yourself.
　何より大切なのは、リラックスして楽しむことです。
　＊above all (else)： とりわけ（重要度が最も高いものを示す表現です。）
・Her IQ is well above average.
　彼女の IQ は平均を優に上回っています。

・Now I see why you are jumping for joy.
　私はどうしてあなたが跳びあがって喜んでいるのかもうわかります。
・I was so nervous that I made many mistakes.
　とても緊張したのでたくさんのミスをしました。
・You had better not let your guard down.
　油断しないほうがいいです。
・Don't worry. It's natural to get nervous when you give a presentation for the first time.
　心配しないで。初めてプレゼンテーションをするときに、緊張するのは自然なことですよ。
　＊it's natural to ～:　～をするのは自然・当然だ
・You've gotten better at speaking in front of a group. You didn't look nervous at all.
　グループの前で話すのが上手になりましたね。まったく緊張しているようには見えませんでしたよ。
・What do you have to say for yourself?
　どう言い訳をするつもりなのですか？
・I feel a bit nervous about that.
　私はそのことについて少し神経質になっています。
・I get nervous before interviews.
　私は面接の前には緊張します。
・He was very nervous about the exam.
　彼はその試験にとても緊張していました。
・What's making you so nervous?
　どうしてそんなにビクビクしているの？
・He was a bit tense [rattled / antsy / shaky].
　彼は少し緊張していました。
　＊tense:　緊張して、硬くなって　(一般的な表現)。rattle: ガタガタ音を立てる。antsy:　そわそわして。shake: 震える ＞ shaky: 不安定な、ビクビクして。
・You look nervous, Loosen up a bit.
　緊張しているようですね。ちょっと肩の力を抜いて！
・I feel nervous about my evaluation next week. I haven't been at my best this quarter.
　私は来週の評価について神経質になっています。この四半期は最高の状態ではなかったのです。

・You look nervous. Take a few slow, deep breaths.
　あなたは緊張しているようですね。数回ゆっくり深く息をしてね。

・I'm a little nervous.
　少し緊張している。

・Let me take a deep breath.
　大きく息を吸おう。

・The most important thing is to believe in yourself!
　一番大切なのは自分を信じること！

8.2.62 期待・声援　Typical Expressions #8.2.62

・You can do it.
　あなたならできますよ。

・I know you can do it.
　あなたならできると分かっていますよ。

・Well done! I knew you had it in you.
　お見事です！　私には、あなたならできると分かっていました。

・I know you'll do a fine job.
　君なら問題なく仕事をしてくれることが分かっています。

・You've got what it takes.
　あなたは必要なものを持っていますよ。

・You're cut out for this.
You're perfect for this.
　あなたはまさにうってつけですよ。
＊cut out for:　ピッタリ　（それに合わせて裁断された）

・Please make yourselves comfortable.
　どうか楽になさってください。

・Don't be nervous. You'll do fine.
　心配しないで。　あなたならうまく出来ます。
＊Don't＋動詞原形は「するな」という禁止を表す命令文。この場合は相手を利する内容であるため、好感度が高くなり、「強いお奨め」になる。

・If you want to improve your presentation, you mustn't be afraid of making mistakes.
　もしプレゼンテーションに上達したいなら、ミスを犯すことを恐れてはなりません。
＊make mistakes：間違いを犯す　mustn't：絶対ダメ
・It's a good chance to try it on stage.
　ステージでそれを試すいいチャンスです。
・I'm so proud of you.
　私はあなたをとても誇りに思います。
＊相手をたたえる定型文。
・Don't worry. I'm sure everything will come right in the end.
　大丈夫。きっと最後にはすべてうまく運ぶと私は思いますよ。
＊come right：うまくいく。 in the end：最後には
・Calm down! Everything's going to be OK.
　落ち着いて！　何もかも上手く行きますよ。
・I can tell by the smile in your eyes.
　あなたの、そのにこやかな目を見ればわかります。
・He eventually changed the way we see the universe.
　彼はとうとう宇宙に対する私たちの見方を変えました。

8.2.63 重要性を伝える　Typical Expressions #2.63

・The important thing is to continue.
　大事なのは続けることですよ。
・It's vital [essential / crucial / very important] to do that.
　それをするのは非常に重要です。
＊vital：（命に係わる）、essential：（本質的な、核心的な）、crucial：（成り行きを決定づける）岐路のイメージから「極めて重要な、必要不可欠な」。
・Doing that is of vital / (that) utmost / importance.
　そうするのは極めて重要です。
・It is important / imperative / that you remain calm.
　冷静さを保つのは重要/ 極めて重要です。
＊imperative: 極めて重要な、必要不可欠な （「命令」をイメージとする。）

・We value our customer's opinions.
私たちはお客様のご意見を大切にします。
＊value：「価値」(名詞)、「尊重する、重んじる」(動詞で使うと)
・Remembering the names of all your clients is of great importance. Don' just call sir or ma'am.
あなたの顧客全員の名前を覚えるのは大変重要です。彼らを sir や ma'am とだけ呼んではなりません。

8.2.64 重要でないことを伝える　Typical Expressions #8.2.64

・It's not a big deal.
大したことではありません。
・Don't worry about trivial things.
些細なことで悩まないで。
＊trivial：些細な、取るに足りない
・Don't sweat the small stuff.
小さなことにビクビクしないで。
＊sweat：汗をかく ＞ 心配する、恐れる。
・It's of / little / no consequence.
それはほとんど /まったく重要ではありません。
＊of little / no consequence: まったく結果につながらない ＞ まったく重要でない。
・What's the big deal?
それがどうしたって言うのですか？ (カジュアルな表現)
・It doesn't matter.
どうでもいい(関係ない)。
・I don't care.
Who cares?
I couldn't care less.
気にしない(かまわない、どうでもいい)。 (カジュアルな表現)

8.2.65 成功を伝える　　Typical Expressions #8.2.65

・We made it!
　私たちは成功しました。
・I made it just in time.
　ギリギリに間に合いました。
・The mission was success.
　このミッションは成功しました。
・All my effort came to fruition.
　私の努力はすべて実を結びました。
＊fruition：結実、成就。
・My hard work paid off.
　私の懸命の努力が成功をもたらしました。
＊pay off:（努力などが）成果・成功をもたらす。
・Congratulations! You nailed it.
　おめでとう！　大成功でしたね。（くだけた表現）
・After years of planning and preparation, my dream of climbing Mt. Everest came to fruition.
　何年もわたる計画と準備のあとに、私のエベレストに登るという夢は実を結びました。
・Do you take pleasure in helping others? A career in physical therapy may be right for you.
　ほかの人を助けることに喜びを感じますか？　理学療法の仕事はあなたに向いているかも知れません。
・I have a passion for gardening. I grow all the vegetables I eat.
　私はガーデニングに夢中です。 私は自分で食べるすべての野菜を育てています。
＊have a passion for：～に対する強い熱意を持っている > 夢中になっている。
Am into / hooked on / addicted to ～：大好き、熱中する、のめり込む 。

8.2.66 嫌悪感を表す　Typical Expressions #8.2.66

・Having to work late makes me sick.
　残業しなくちゃならないのにはうんざりさせられます。
＊make me sick: 気分が悪くなる、吐き気を催させる。
・His behavior disgusted me.
　私は、彼の行為に酷くむかつきました。
＊disgust: うんざりする、むかつかせる。
・That's disgusting.
　それはひどい。
・I was thoroughly disgusted with that movie.
　私は、その映画には徹底的に嫌気が差しました。
・That made my skin crawl.
That gave me the creeps.
　そのせいでむしずが走りました（ゾッとしました）
＊crawl:（虫などが）這う。Skin （皮膚）とともに使って「虫が這うように」ムズムズする感触。
・Throwing away good food makes me sick. It's such a waste.
　まだ食べられる食品を捨てるというのは気分が悪いです。大変な無駄ですよね。
＊make me sick: 気分が悪くなる、吐き気を催させる。 such: たいへんな

8.2.67 注意を促す　Typical Expressions #8.2.67

・Don't be such rude.
　そんな失礼なことを言ってはいけません。

・You are being rude.
You are being offensive.
　失礼ですよ。

・Watch your manners.
　マナーに気をつけなさい。

・Will/ Can't you behave?
　行儀よくしてくれない？（上から下への指導）

・We need to talk about your attitude.
　あなたの態度について、話し合う必要があります。

・That / Your outfit is inappropriate.
　それは/あなたの服装は、不適切です。

・Hey, watch your mouth!
　ねぇ、言葉に気を付けて！

・Don't use / take that tone of voice with me.
　私にそんな口の利き方をしないように。

・You should pay more attention to your tone of voice.
　あなたは口の利き方にもっと注意を払うべきです。

・That type of language is uncalled for.
　そのタイプの言葉は求められていません（＝失礼です）。

・Don't use that tone of voice with me, It's disrespectful.
　私にそんな口の利き方をしないように。 それは失礼です。

・You're the only person using such language here. Please act with more maturity.
　ここでそんな言葉を使うのは、あなただけです。 どうかもっと分別のある行動をしてください。

・Why must you be so negative all the time?
　どうしてあなたは、いつもそんなに否定的でなくてはならないのですか？

・I am being positive.
　私は肯定的になっています。

・I am not negative. I am just stating a fact.
　否定的じゃないさ。私は事実を述べているだけなのだ。

・You're always / (constantly) bringing up the past.
あなたはいつも過去を持ち出してばかりいますね。

・Your constant complaining drives me nuts.
君の絶え間のない不平にはいらいらするよ。

・You're always comparing me to your staff. Give it a rest.
あなたは、いつも私をあなたのスタッフと比べてばかりいます。いい加減にしてくれませんか。

・You stabbed me in the back.
あなたは私を裏切りました。

・You went back on your word / (promise).
あなたは約束を破りました。

・You promised you would display my artwork, but you lied to me.
あなたは、私の芸術作品を展示すると約束したのに、うそをつきましたね。

・You lied to me.
あなたは私にうそをつきました。
＊lie: うそをつく、 liar: うそつき

・You got it all wrong.
まったくの誤解だよ。

・Stop talking behind my back.
陰でコソコソ話すのをやめて。

・You'd better play it safe and leave early, Train delays are the norm here.
安全策をとって早く出発したほうがいい。 電車の遅延はここでは普通ですから。
＊norm： 標準（的な状態）、普通のこと

8.2.68 わだかまりを無くす　Typical Expressions #8.2.68

・Let bygones be bygones.
過ぎたことは水に流しましょう。
＊bygone：過ぎ去ったこと。 Go by:（時間が）過ぎる、経過する。
・Let's wipe the slate clean.
Let's the past be the past.
（過去の出来事を）水に流しましょう。
・Forgive and forget?
なかったことにしない？（許して忘れる・なかったことにする。）
・No hard feelings?
わだかまりはありませんか？（悪く思わないでください。）
・All is forgiven?
すべて許された？
・Water under the bridge? / Bygones?
済んだことですよね？
・Are we OK?
私たち大丈夫かな？
・No hard feelings?　No hard feelings.
No hard feelings?　Not at all. / None.
わだかまりはありませんか？　まったくありません。

8.2.69 その他　Typical Expressions #8.2.69

・Shall we stop now and continue tomorrow morning? We're both exhausted,
もうやめて、明日の朝に続きをやりませんか？　私たちはどちらも疲れ切っていますから。
＊exhausted：「疲れ切っている。very tired と同じ。
shall we ～で手に取るように提案しています。

・I apologize. I'll make sure the staff are more careful in the future.
謝罪します。今後スタッフにはもっと気を付けるようにさせます。
＊I apologize. は「I'm sorry.では軽すぎる」と思ったときに出る。しっかりした謝罪。
staff スタッフ・職員は数えられない不加算名詞なので複数形でない。複数がイメージされるので are で受けています。

・Sorry, but would you mind shutting up for a second?
すみませんが、少しの間黙っていてくれませんか？
＊would you mind ～？を持って丁寧に注意していますが、いらだち感はありますね。Shut up:「黙る」。Up には「完全に」というニュアンスが感じられます。

・I'm really sorry I missed your presentation. I'll make it up to you.
君のプレゼンテーションに行けなくて本当にごめん。埋め合わせるよ。
＊make it up:「償いをする、埋め合わせる」。約束の定番の will が使われている。

・The main speaker for Friday's conference has cancelled.
金曜日の会議で主役となる講演者がキャンセルしました。

・The speech given by your student was by far the best.
あなたの学生によるスピーチが断然最高のものでした。

・So, how did you like the experience ?
それで、この体験はどうでしたか？
＊so: 当りの強い疑問文を和らげている。

・Sorry, I didn't realize that this seat was already taken.
すみません、この席がすでに取られていたとは気がつきませんでした。
＊realize：～だと気が付く

・Sorry to interrupt, but could I have a quick word. Please?
お話し中のところ申し訳ございませんが、少しお話よろしいでしょうか？
＊interrupt：さえぎる、割り込む（定番表現）

・It's nice to finally see you in person.
My wife has told me a lot about you.
とうとう直にお目にかかれて、うれしく思います。
妻からあなたのことはたくさん聞いています。
＊in person：　じかに、a lot about you：「おうわさはかねがね」に対応するひと言。「あなたのことはたくさん」

・Can I have a minute? I was wondering if you'd like to give a short speech to the new members.
ちょっといいですか？新しいメンバーに向けて短いスピーチをお願いすることは出来るでしょうか。

・Do you have time to talk? I'd like to ask your advice on something.
話す時間はありますか？　あなたのアドバイスが必要なことがあるのですが。

・You only have to fill in highlighted sections. You can skip the other parts.
ハイライトされたセクションに記入するだけで良いですよ。ほかの部分は飛ばしてかまいません。

・I really hate to ask you this, but could you possibly lower your voices?
このようなお願いするのはたいへん心苦しいのですが、できましたら声を小さくしていただけませんでしょうか？

・Excuse me / I'm sorry, but could you please get in line?
すみませんが、列に並んでいただけますか？

・I 'm sorry, but could you just stop talking?
すみませんが、ちょっとおしゃべりをやめてくれませんか？

・I'm sorry to have to ask, but would you mind giving up your seat?
These are priority seats.
こんなことをお願いせざるをえず恐縮ですが、席を譲っていただけますか？　ここは、優先席です。

・I'm sorry, but would you mind waiting outside? We're still preparing.
すみませんが、外で待って頂けませんか？　まだ準備中です。

・Excuse me, but could you please put your cigarette out? This is a non-smoking area.
すみませんが、たばこを消して頂けますか？　ここは禁煙エリアなのです。

・Smoking is not allowed here. See the sign?
ここでは喫煙はできません。 貼紙が見えますか？
＊not allowed: 許されていない　＞禁止

・If you continue to interrupt this meeting, there'll be serious consequence.
あなたがこのミーテイングの邪魔をし続けるなら、深刻な結果となりますよ。
＊interrupt：邪魔をする

・Could/ Would you please keep your voice down ?
声を小さくしていただけませんか？

・Excuse me, but could you turn down the air conditioning ? I'm freezing.
すみませんが、エアコンを弱くしていただけますか？ とても寒いのです。
＊freezing：（凍えるように）寒い

・Would you mind turning on your video? I'd appreciate it.
（オンライン会議で）ビデオをつけて頂けますか？ そうして頂けるとありがたいです。
＊I'd appreciate it：事前の感謝。

・Would you care for some coffee or tea?
コーヒーまたは紅茶は如何でしょうか？
＊some：（数量のわからないものが）ぼんやりとある。相手に勧める際に some がよく使われるのは、「用意があります」が温かく響くから。

・We're going clubbing after this. ①How does it sound? ②What do you say? ③You up? / Are you up to go?
私たちはこのあとクラブに行くよ。①いかがですか？ 勧誘表現。②意見を求める表現：どう思う？ ③up には、やる気がある、乗り気であるが感じられます。どれもよく使われます。

・We're going for drinks after work. Would you like to join us?
私たちは仕事のあとに飲みに行きます。 あなたは参加したいですか？

・I'm willing to lead the project. I have experience.
そのプロジェクトを指導するのは構いません。私には経験があります。

・May I be excused? I need some fresh air.
失礼してもよろしいでしょうか？ ちょっと新鮮な空気が必要なのです。

・Now it's my turn to speak.
さあ、自分が話す番だ。

参考:
・川合ゆみ子氏「セミナー:初めての英語プレゼンテーション」
日刊工業新聞社　主催　参考資料「原稿を書くのに役立つ定型文」
・川合ゆみ子著「技術系英語　プレゼンテーション教本」日本工業英語協会
・Mike Markel 著「technical COMMUNICATION」Bedford/St. Mart
・NHK テキスト　ラジオ英会話　2020—7〜2021－12
・EnglishLab M カラマール　「表やグラフ等の種類の英語表現」
・板谷孝雄著「英語図面の作成要領　Ⅱ」AI(エーアイ)
・板谷孝雄著「英文技術文書の作成＋用語集」AI(エーアイ)
・板谷孝雄著「技術者の実務英語」AI(エーアイ)

第9章　質問と回答　Questions and Answers

「伝わる技術英語」セミナーでの代表的なご質問と回答をまとめた。
英語図面の作図・英語表現および技術文書の詳細なご質問は含めていません。

Q1:　翻訳時に少しでも相手に刺さりやすい英文構成を学びたい。

A1: 当書籍の目的もまさにそこにある。

・日本では「技術英語の作成法」を学ぶ機会が少ない。海外では「文章作成法」「プレゼンテーションの方法」を学ぶが、日本の現役世代はそうした教育が浸透していない世代だ。現在の義務教育では取り入れられているとの事。今後に期待したい。

・国際規格の用語・略語・文章を十分に活用されていない。

・文化の違い・ものの考え方の違いを理解する必要がある。
「論理的順序」「選択基準の明確化」「達成目標の追求」「グローバル化」など。

Q2: 技術英語の表現が独特で慣れない。専用のボキャブラリが不足していると感じている。イディオム・語彙力をつけたい。

A2:

① 国際規格の用語・略語・文章表現に慣れる。

② 専門家に添削して貰い、それをデータベースに保管し全員で活用する。
技術文書は、その教育を受けた人で、外人なら誰でも良いというものではない。

③ 得られるだけの優秀な専門家と優良書籍に触れる。
WEB は玉石混淆で選択が必要で、悪くてもコピーがされていく怖さがある。
弊社 AI(エーアイ)は図面・技術文書・英語プレゼンテーションで出版・セミナー・企業支援で豊富な実績があるので利用する。

④ 良い英文章・用語は借用し、保管・活用してデータベースを作成し標準化をする。

⑤ 日常から良い文書・情報に触れる気持ちが大切。

Q3: 図形・グラフ・数値に関する表現を学びたい

A3: 第4章12 「図表の表現」を参照。

・数値に関する表現は、別途、専門書が多数あるので参照する。

「英語で数字の単位が読み方まで一覧でわかる！【音声付き】」Berlitz

https://www.berlitz.com/ja-jp/blog/number

「小数や分数、計算式を英語で言い表す」 Berlitz

https://www.berlitz.com/ja-jp/blog/calculation

Q4: 誤解を招きやすい表現やその対処法など、具体的例があれば

A4: 当書籍「伝わる技術英語」で記載しています。

「第4章　役立つ英語表現」「第5章　似た英語表現」を参照。

・関連書籍 （AI(エーアイ)出版

「図面の英語例文＋用語集Ⅱ」

設計・製造加工の詳細＋安全管理・技術管理・変更管理・文書の所有権なども。

「英語図面の作成要領Ⅱ」

英語図面作成のテキスト

「図面の英語例文集　～エクセル版」

「図面の英語例文＋用語集」のデータベース

「技術者の実務英語」

グローバルで活躍する技術者のための便利帳

「英文技術文書の作成＋用語集」

研究所から製造までの技術文書の説明と実例

発行している図面・技術文書・プレゼンテーション関連書籍のデータベース・ライブラリーを Word・Excell でも提供。

・参考文献

AI(エーアイ)のホームページ ＞ AI 代表の部屋 ＞ 参考文献を参照。

170冊ほどの紹介がある。 ただし、英語会話の書籍は除いている。

http://www16.plala.or.jp/zumen/index.html

Q5: 工業規格によって違う表現

A5: 業界によっても違う英語表現はあるのが現状。
国際規格の用語を使うべきと考える。ISO(国際規格)と ASME(米国機械学会規格)も部分的には違う。 当書籍は ASME を基準とする。

Q6: 日々専門用語やビジネス英語を少しでも学びたいと考えているが、何か有効な勉強方法は？

A6: 一般社団法人日本能率協会が技術英語および「技術英検」の普及に努めている。ご利用をお勧めする。

社団法人日本工業英語協会 > 公益社団法人日本技術英語協会 と名称が変わり、2022年7月より一般社団法人日本能率協会が吸収合併した。
https://www.jma.or.jp/
https://jstc.jma.or.jp/ 技術英検・技術英語を学ぶ

なお、セミナー主催企業もいろいろなプログラムを用意されている。

Q7: 同じ表現や単語ばかり使ってしまう。

A7: 正しい英語ならとても良いことです。
規格も同じ表現を使っており、読む人も安心して正しく，速く理解し易いです。
このような定型表現を学ぶことが、「伝わる技術英語」でもある。

Q8: 調べても似たような単語が出てくるのでどれを選ぶのが適切なのかわからない。

A8: 参考書籍：

・八木克正監修「オックスフォード 英語コロケーション辞典」小学館
・マイケル・スワン著「オックスフォード 実例 現代英語用法辞典」桐原書店/オックスフォード
・佐藤洋一編著「科学技術 英語 活用辞典」オーム社/出版局
・各種 英英辞典・技術辞典でも比較説明はされている。
「ロングマン 英英大辞典」LONGMAN 桐原書店

Q9: 海外拠点のメンバーも英語ネイティブではなく、お互い英語が得意ではないので、齟齬がなくシンプルでわかりやすい表現の仕方が知りたい。

A9: 世界の規格や一流企業の英語表現を真似る。AI(エーアイ)発行書籍の例文を真似る。日常英語的なものを使わず、標準技術英語に双方が慣れる。必要に応じて、用語比較表・辞書などの制作をお勧めする。
参考:「JIS/ASME 品質用語表」

Q10: 文書作成時、こちらの想い・ニュアンスが正しい表現がされているかが不安。特にアジア系の方々とやり取りが多く、厳しく書いたほうがいいといわれます。

A10: 「厳しく書いたほうがいいといわれます・・・」の意味が理解できません。一般的には、アジア系の方々も英語・技術レベルは高い。返って日本企業は過去からの慣習(規格外)で作図・英語表現をされていることを散見する。

例えば、古いJIS規格で描かれていたり記号法・幾何公差で作図していなかったり、特定業界だけの英語用語・表現を散見します。基本的な技術英語に戻る良いチャンスと思う。「厳しく」というより、確実に規格に準拠して指定することである。

Q11: 英語のプレゼンテーションをしなければいけないが、基本がわかっていない。

A11: 海外の教育では、文書の書き方・プレゼンテーション・討論の仕方を勉強するが、日本では学校・企業で実施されているのは稀である。参考書籍は、拙書「英語プレゼンテーション～ポイントと英語フレーズ1740～」Word版。プレゼンテーションの要領と1740の英語フレーズが場面ごとに纏められている。

Q12: 海外規格(ISO、DIN、ASMEなど)は、どこから閲覧できますか?

A12: 東日本では、日本規格協会(東京　田町)、西日本では、国立国会図書館です。

○日本規格協会 ライブラリー：

https://www.jsa.or.jp/jsa/jsa_lib

所在地：	〒108-0073 東京都港区三田３丁目１１－２８ 三田 Avanti 8階 E-mail:csd@jsa.or.jp
開館時間：	月曜日～金曜日 9:00～17:00
休館日：	土曜、日曜、祭日、年末年始他
所蔵について：	∘ JIS、ISO規格、IEC規格、BS(EN)規格、ASTM規格、ASME BPVCの最新版 ∘ その他、一部海外規格 （一部規格を除き、PCでの電子閲覧となります。）
閲覧方法：	閲覧は無料です。閲覧を希望される規格の番号などを、係員にお申し出ください。 所蔵規格及び資料の貸し出しは行っておりません。
注意事項：	コピー、写真撮影、PC機器等の使用はお控えください。手書きメモは自由です。

○国立国会図書館　関西館：

https://www.ndl.go.jp/jp/kansai/index.html

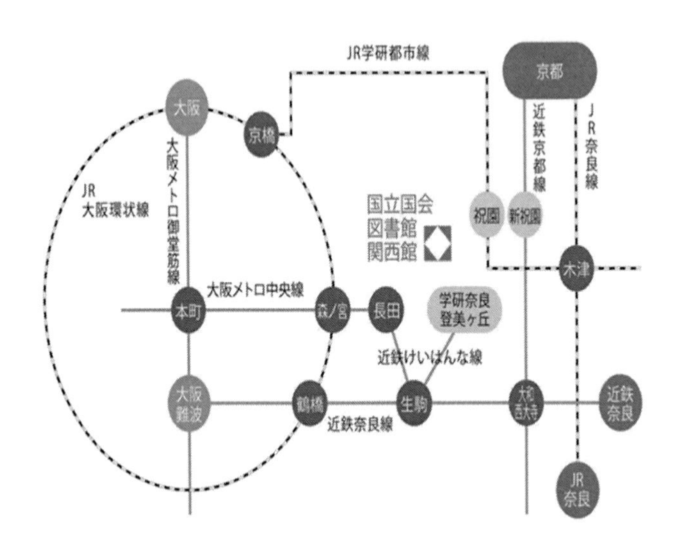

- 京都駅から新祝園駅へは近鉄京都線急行で約30分
- 近鉄難波駅から学研奈良登美ヶ丘駅へは、近鉄奈良線（急行）生駒駅で近鉄けいはんな線に乗り換え約40分
- 京橋駅から祝園駅へはJR学研都市線快速で約45分

・登録後に利用可能。 館内の荷物持ち込みは、筆記具以外は禁止。

・データベース検索方法などは係員が説明してくれる。

・著作権の範囲内でコピー可能・有料。 表紙・目次は著作権外。

付属書

1　社内標準化から世界標準へ

技術文書の社内標準化にとどまらず、その技術を世界標準にすることも重要である。技術文書は技術の進化・発達に伴い改訂が必要になり、この改訂作業は大変なのが現実である。これを業界標準さらに世界標準にすることは、国家・企業の競争力の確保の重要な活動でもある。

さらに、現代において重要性を増しているのは、国際標準（Global Standard-ization）の概念である。
グローバル化が進む中で、様々な価値とテクノロジーが生まれ、多角化・細分化が進んでいる。その状況をまとめ、共通する価値と基準を定めることは、標準化の役割である。

この標準化では、パートナー機関・日本規格協会・経済産業省が支援している。

1.1　標準化活用支援パートナーシップ制度　Partnership

標準化は、新しい技術や優れた製品を国内外の市場において普及させるための重要なビジネスツールである。
本制度は、自治体・産業振興機関・地域金融機関・大学・公的研究機関など（パートナー機関）と日本規格協会（JSA）が連携し、標準化を通じて、中堅・中小企業などの優れた技術・製品の国内外におけるマーケティングを支援するものである。

国内標準化のみならず国際標準化までの新市場創造型標準化制度である。

参考：
経済産業省：http://www.meti.go.jp/policy/economy/hyojun/partner/index.html
日本規格協会（JSA）：
https://www.jsa.or.jp/datas/media/10000/md_3617.pdf
https://www.jsa.or.jp/dev/iso_partner/

1.2 標準化の概念 Standardization Concept

規格の歴史をさかのぼると、各国での産業別標準・規格がそれぞれあり、特に軍需製品を作るにはそれらの統一・標準化が必要だった。
そこで各国は軍規格を制定することが必要になり、MIL 規格（米国軍用規格）・DTD(英国軍用規格)などが制定され、それらを基に国家規格・地域規格・国際規格へと更なる進化・標準化がなされていった。

標準化の概念は大きく3つに分類されている。

(1) デジュール標準 De Jure Standard
公的標準。公的で明文化され公開された手続きによって作成された標準。
信頼性が高く、改訂も規則化されている。

ISO（International Organization for Standardization、国際規格）、IEC (International Electrical Commission、国際電気標準規格)、ANSI（米国規格）、JIS(日本規格)などの国家規格など。

(2) フォーラム標準 Forum Standard
関心のある企業などが集まってフォーラムを結成して作成された標準。 ASTM、VDE、IEEE など。

(3) デファクト標準 De Facto Standard
業界標準、事実上の標準。個別企業などが、市場の取捨選択・淘汰によって、市場で支配的になったもの。
インターネットの通信規格の TCP/IP やパソコンの Windows など。

1．3 世界の規格と体系　Hierarch of Standards

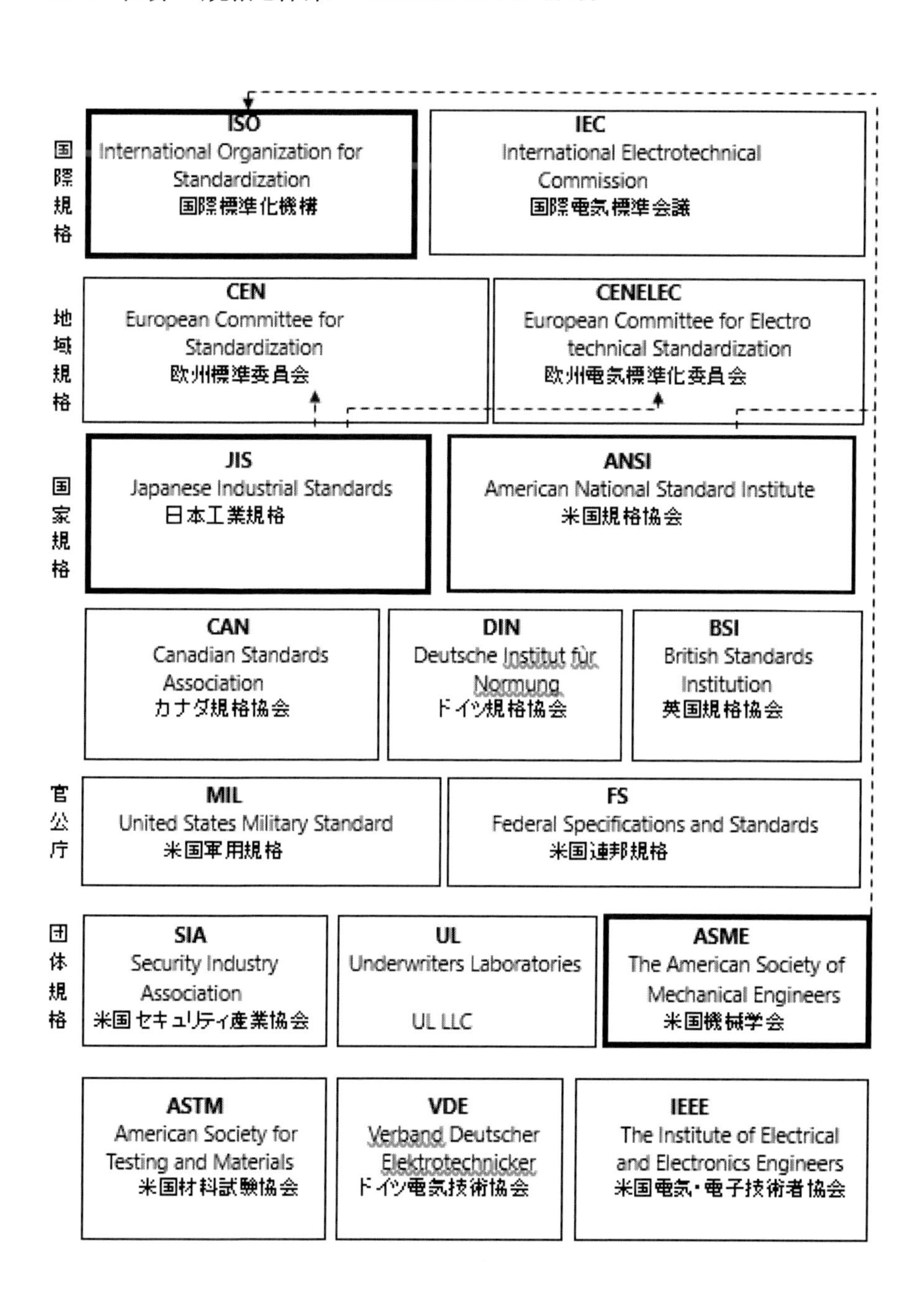

2 技術文書一覧

担当部門	文書名（日本語）	文書名（英語）	説明対象
全社	品質マニアル	Quality Manual	○
	全社技術標準書 (技術規約要約)	Corporate Standard Engineering Specification	
	ABC社業務用語集	ABC Business Glossary	
	部品番号・標識仕様書	Serial Numbering of ABC Product Sequence Numbering of Controlled Devices Information Plates	
	材料仕様書	Material Bulletin (by material)	
基礎研究	研究計画書	Research Plan Research and Development Plan	
(基礎研究所)	研究報告書	Report	
	学術論文	Paper, Scientific Paper, Academic Papers	
開発設計 (応用研究所)	開発企画書	Development Plan, Project Plan	
	技術管理システムデータ (技術用語・コード集)	Development/ production Record System Data Element	
	(製品) デザインガイド (製品開発設計基準書)	Product Design Guide、Development Specification、 Design Specification	○
	技術用語集 (日英)	Terminology Glossary (Japanese/ English)	
	技術変更書 (設計変更書)	EC Notice (Engineering Change Notice)	
	部品表 (部品構成表)	BM, Bill of Materials	
	図面	Drawing	＊1
	・組立図面	Assembly Drawing	＊1
	・部品図面	Detail Drawing	＊1
	・ケーブル取付図面	Cable Routing Drawing	＊1
	・アートワーク図面 (文字・絵などのデザイン)	Artwork Drawing	＊1
	・配線図	Wiring Chart	＊1
	・仮図面	Advanced Drawing (企業によりmodel、 advance status、preliminary、 development onlyとも)	＊1
	・正式図面	Formal Drawing	＊1
	・廃止図面	Obsolete Drawing	＊1
	・添削図面(変更箇所の明示)	Marked up Drawing	＊1
	・転用図面	Make-from Drawing	＊1
	・加工修理図面	Rework Drawing	＊1
	・参考図面(組立図面など)	Reference Drawing	＊1
	・仕様指定図面	Specification Control Drawing	＊1
	・表形式図面	Tabulated Drawing	＊1
	・語図面	Word Drawing	＊1
	・絵図面	Pictorial Drawing	＊1
	・・・・ (その他省略)		＊1

担当部門	文書名（日本語）	文書名（英語）	説明対象
	・注文図	Dr awing for order（JIS)	
	・見積仕様書（見積図）	Quotation Specification、Estimation Drawing（JIS)	
	入札仕様書	Tender Specificaton	
	技術仕様書 (材料・工程・加工・評価・特別検査・包装と物流取扱など)	Engineering Specification (Material、Processing, Evaluation, Special Inspection, Packaging and Material Handling ・・・)	○
	説明書	Instructions	
	・設置〈導入〉手順書	Installation Instruction	＊1
	・取扱説明書	User Manual, User Instruction	＊1
	技術情報伝達メディア（論理回路図・テストデータ、・・・)	TDI、Technical Data Interface (Logic、Test Data、 ・・・)	＊1
	機械構成表 (営業仕様コードをBMに変換)	MFI, FFI	＊1
	・工場用機械構成表	MFI： Machine Feature Index	＊1
	・市場用機械構成表	FFI： Field Feature Index	＊1
	マシンインターフェース (Microcodeなど)	MIF, Machine Interface	＊1
	特許申請書	Patent Application	
技術	組立仕様書（工程別）	Assembly Specification (by process)	
(工場)	加工仕様書（工程別）	Process Specification (by process)	
	技術評価チェックマニアル	Pre-Analysis Guidance	
	製造計画書	Manufacturing Plan	○
	品質保証計画書	Quality Assurance Plan	○
	品質管理計画書	Quality Control Plan	○
	QC工程図	QC Process Chart	○
	作業標準書	Operation Instruction	○
	検査仕様書	Inspection Specification	
	・受入検査仕様書	Receiving Inspection Specification	
	・工程検査仕様書	Process Inspection Specification	
	・完成検査仕様書	Product (Completion) Inspection Specification	
	・出荷検査仕様書	Shipping Inspection Specification	
	製造設備仕様書	Manufacturing Facilities Specification	
	試験・検査設備仕様書	Tester and Inspection Equipment Specification	
	校正管理仕様書	Calibration Control Specification	
	治工具・金型図面	Jig and Die Drawing	
	治工具・金型取扱説明書	Jig and Die Instruction	
	調査レポート	Investigative Report, Survey Report	
	訓練用資料	Training Manual	
	環境調査	Environmental Research	
	安全の手引き	Safety Instruction	

担当部門	文書名（日本語）	文書名（英語）	説明対象
製造	ＱＣ七つ道具	7 QC Techniques	○
(工場)	・パレート図	Pareto Diagram/ Pareto Chart	○
	・特性要因図	Cause and Effect Diagram/ Fishbone Chart	○
	・グラフ（管理図を含む）	Graph and Control Chart	○
	・チェックシート	Check Sheet	○
	・ヒストグラム	Histogram	○
	・散布図	Scatter Diagram/ Scatter Graph	○
	・層別分析	Stratified Analysis	○
共通	月例報告書	Monthly Activity Report	○
	年間報告書	Annual Report	
	議事録	Minutes of Meeting	○
	技術論文	Technical Report, Paper	○
	視察・出張報告書	Inspection and Trip Report	
	メール	e-mail	○
	手紙	Letter	
	メモ	Note, Memorandum	
	提案書	Proposals	
	成果報告書	Progress Report、Working Papers	
	勧告書	Recommendation Report	
	トラブル対処報告書	Problem Analyses Report	△
	契約書	Articles of Agreement、Contract Agreement	
	チラシ	Advertising Catalog、Literature	

＊1: 図面作図に関しては、板谷孝雄著「技術者の実務英語」、「英語図面の作成要領」AI(エーアイ)を参照。

＊2: 図面例文・技術用語に関しては、板谷孝雄著「図面の英語例文＋用語集」AI(エーアイ)を参照。

3 製造企業の組織

3.1 会社名称

日本では Co., Ltd.の表現が多いが、国際的な表現では誤解されることもあり、表記には注意。

・Co., Ltd.

「Co,, Ltd.」は「Company Limited」、つまり有限責任の会社という意味になる。有限会社は日本では制度上で新規登録は廃止となっている。Limited、Ltd.は英国では使われる。

・Co.

法人の種類と関係なく付けることが可能。

・Inc.

「Inc.」はIncorporated の略で、「登記済みの法人」がその和訳となり、全ての株式会社はこれで表現することが出来る。アメリカでは「Inc.」の表記が一般的に広く使われている。

・Corp.,

「Corporation」略で、これも「Incorporated」と同じ意味合いとなる。「Corp.,」または、略さずに全て大文字で「CORPORATION」と会社名の最後に付けるケースもある。
日本企業の日本電気株式会社は、英名は NEC Corporation である。

・LLC, LLC.

株式会社でなく、合同会社で元々欧米にあった Limited Liability Company という法人形態を日本に持ち込んで設けられている。

「Limited Liability Company」、「LLC」が一般的です。なかには「,LLC」や「LLC.」などのように「,」や「.」が付けられるパターンもある。

3.2 社長名称

取締役会に入っていても社長は単に President。あるいは CEO(Chief Executive Officer)、COO(Chief Operation Officer) を使う。
CEO、CEO and President、COO、COO and President などと組み合わせて呼ぶケースが多い。
President and Founder、Founder & CEO(社長兼創設者)などの例もある。

3.3 組織構成名

企業・組織により呼び名は変わるが、多く使われている一例。
HQ: Headquarters(本部)
本社・本部であり、一般に複数形が使われる。

Division(事業本部、カンパニー、DIV)
例:PC Division、Storage Division、Software Division など。

Business Unit、Unit(Function)(部、BU)
Division の中に多くの Unit がある。 例: Strategic Business Unit など。部長は Function Manager と言うが、組織名としては使わない。

Department(課、DEPT)
課長は Line Manager と言う。 Line meeting は課内会議(打合せ)
Line recreation は、課内リクリエーション(課親睦会)

Section(局、課)
日本企業では、一般にあまり使われていない。

Group、Team、Task Team、Office、Project Team(担当係)
組織名としては無いが、実務上にプロジェクト達成のために良く使われる。

[説明]
組織の上記のような階層は Layer と言う。7 階層なら7layers と呼ぶ。
社長から一般社員までの階層の数。

3.4 組織図 Organization Chart

ある一つのDivision（事業本部, カンパニー）の例をとってみる。
企業によりいろいろな組織形態があるが、あくまで下記は一例。

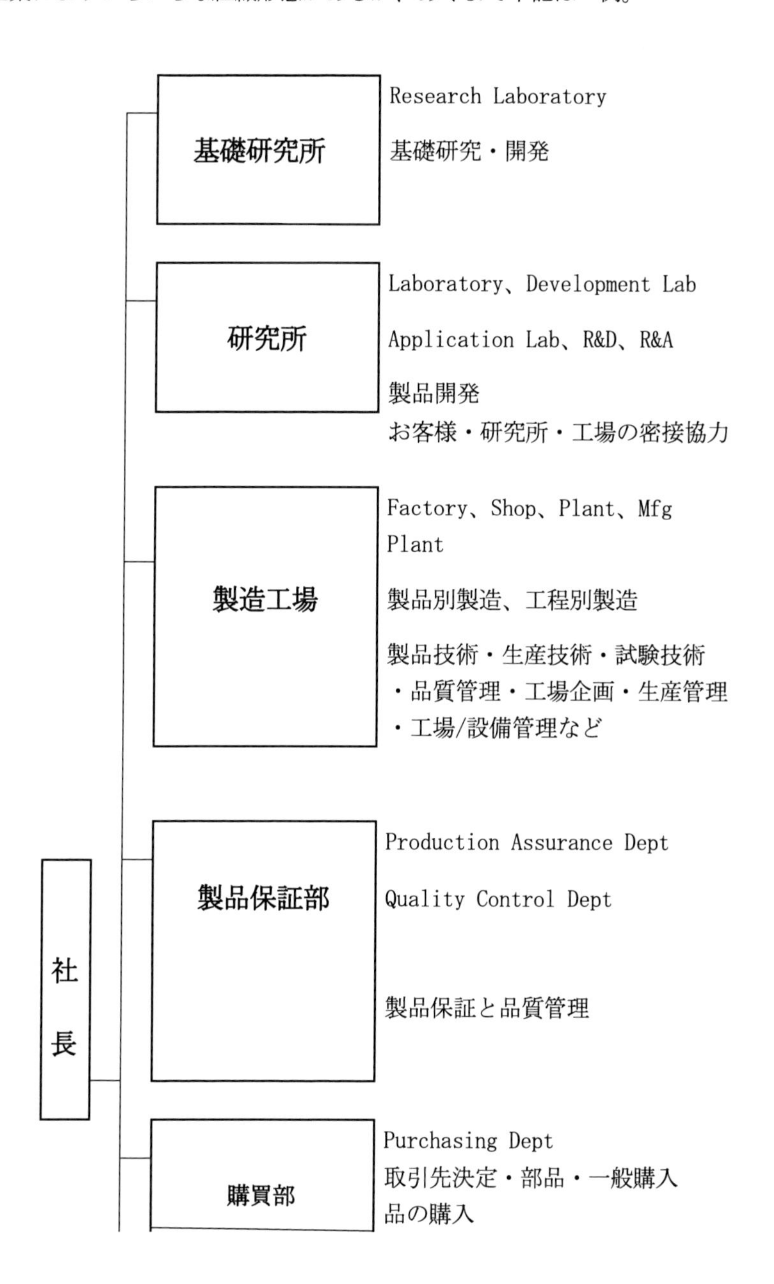

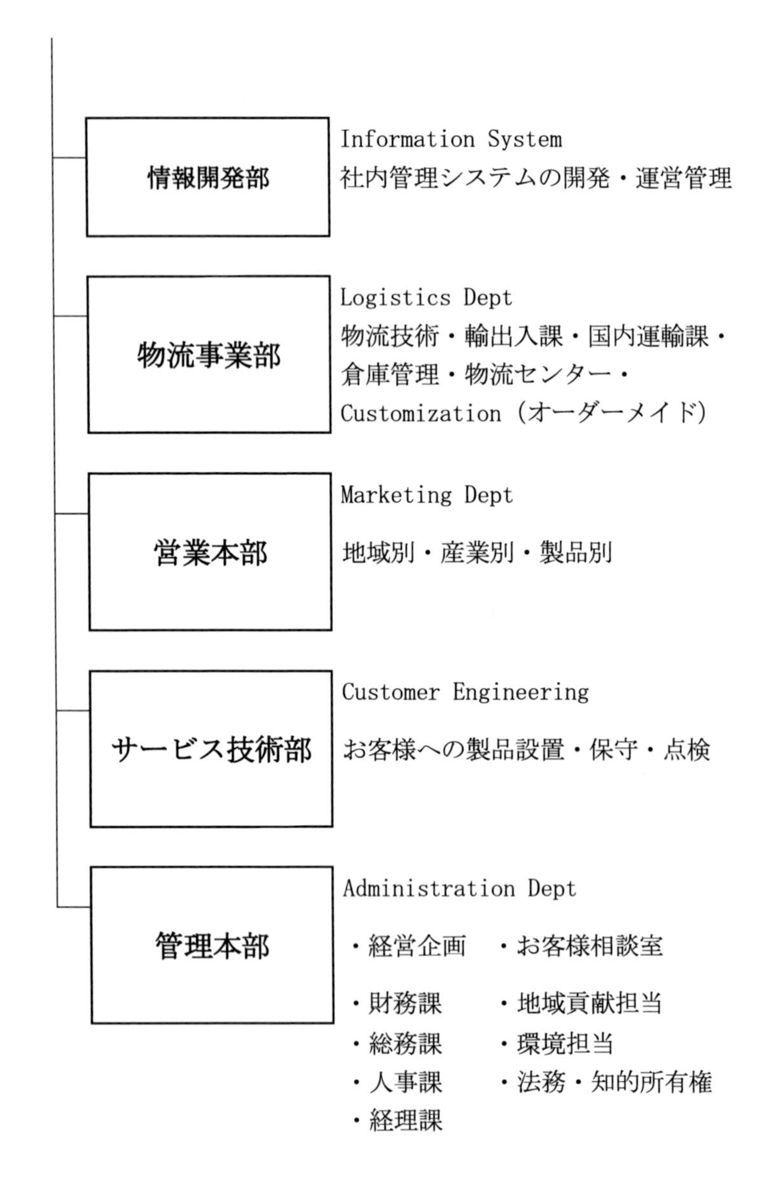

＊基礎研究所と（応用）研究所

企業により別に設けている例もあるが、共用している研究所は R&D（Research & Development Laboratory）としている研究所も多い。

3.4 組織の役割　Organization and Role

各部署の主な役割と担当者の呼び名を一覧にした。

部門名	英名・役割・補足説明	担当者
基礎研究所	Research Lab	Researcher 研究者
研究所	Laboratory、Development Lab、Application Lab R&D、R&A	Developer Engineer 開発技術者
製造工場 ・工場企画部	Factory、Shop、Plant、Mfg Plant、Fabrication Plant Industry Engineering、Mfg Planning 新製品の企画・出荷/利益計・工場新設計画・レイアウト	Engineer 企画員
・製品技術部	Product Engineering 製品のソフト技術を中心に製品機能設計	Product Engineer 製品技術者
・生産技術部	Manufacturing Engineering 製品の製造企画・生産設備準備・金型/冶具設計準備	Production Engineer 生産技術者
・製造技術開発部	Manufacturing Engineering Lab 製造設備・加工方法の開発、ロボット設計・自動倉庫設計	Production Engineer 生産技術者
・材料評価試験課	Material Lab 材料評価試験・材料分析	Material Engineer 材料分析技術者
・環境技術課	Environmental Engineering	Environmental Engineer

部門名	英名・役割・補足説明	担当者
	環境対策技術開発・管理	環境技術者
・包装技術課	Packaging Engineering 包装設計・包装試験（落下試験・振動試験・ランダム振動試験・音響試験）	Packaging Engineer 包装技術者
・試作課	Model Shop 新製品の試作・冶工具などの製作	Technician 製作技能者
・試験技術部	Test Engineering 製品試験の試験機・試験方法の開発	Test Engineer 試験技術者
・生産管理部	Production Control Dept 製造日程管理・納入管理・購入部品計画	Production Controller 生産管理者
・生産計画課	Production Control, Production Planning 製品単位の製造日程管理・納入管理・購入部品計画	Production Controller 生産計画者
・部品生産管理課	Parts Production Control 部品単位の製造日程管理・納入管理・購入部品計画	Production Controller 部品計画者
・資材課	Stock Control 部品倉庫での入出庫	Material Controller 資材管理者
・発送・出荷課	Packaging & Shipment 包装作業・配送	Delivery Controller 出荷担当者
・製品出荷記録課	Machine Level Control	Machine Level Controller

部門名	英名・役割・補足説明	担当者
	製品単位の製造記録・保守記録・不良対策・トレース	出荷管理者
・生産システム課	Information Dept 生産管理システムの構築・管理	System Engineer システム技術者
・製品保証部	Production Assurance Dept 各国規格の認証取得・設計基準審査	Quality Assurance Engineer 製品品質管理者
・品質管理部	Quality Control Dept 製品の品質管理	Quality Engineer 品質管理者
・製品品質管理課	Quality Control 製品単位の品質管理・クレーム処理・検査・故障解析	Quality Engineer 品質管理者
・部品品質管理課	Parts Quality Control 部品単位の品質管理・クレーム処理・検査	Parts Quality Engineer 部品品質管理者
・製造部 ・鍛造課	Manufacturing Dept Forging Line 鍛造作業	Forging Worker 鍛造工
・鋳造課	Foundry Line, Casting Line 鋳造作業	Casting Worker 鋳造工
・プレス課	Press Line プレス作業、圧延作業	Press Operator プレス工
・塗装課	Painting Line 塗装作業、下塗り（１次）、上塗り（２次）	Painter 塗装工

部門名	英名・役割・補足説明	担当者
・メッキ課	Plating Line メッキ作業	Plater メッキ工
・組立製造1課	Assembly Line #1	Technician、Worker
・組立製造2課	Assembly Line #2 組立作業	Technician、Worker
・設備保守課（施設課）	Maintenance Service 設備の保守管理	Maintenance Man 設備保全員
購買部	Purchasing Dept	Purchaser、Buyer 購買担当員
・国内購買課	Domestic Purchasing Dept	
・海外購買課	Offshore Purchasing Dept	
情報開発部	Information Systems Dept	
・情報開発課	Information Systems Dept, Information Technology Dept 社内管理システムの開発・運営管理。社内限定では Internal を付記	System Engineer システムエンジニア
・電算室	Information Processing Center, Data Processing Center	Technician テクニシャン
・工場管理部	Plant Management Dept	
・総務課	General Affairs Gp	Administrator
・人事課	Personal Gp	Personal Administrator
・経理課	Accounting Division	Accountant
物流事業部	Logistics Dept	
・輸出入課	Export & Import	Administrator of xxxx
・国内運輸課	Domestic Transportation	Administrator of yyyy
・倉庫管理	Xxx Logistics	Administrator of zzzz

部門名	英名・役割・補足説明	担当者
営業本部	Sales Operations Dept 販売業務	Sales
サービス技術部	Customer Engineering 製品設置・保守点検・機能追加の取付け	Customer Engineer Field Engineer
管理本部	HQ(Head Quarter) Administration, Administrative HQ	
・経営企画	Headquarters, Corporate Planning, Corporate Development	Management Planner
・財務課	Financial Dept	Treasurer
・総務課	General Affairs Dept	Administrator
・人事課	HR(Human Resource) & Organization Dept Personal Dept	Personal Administrator
・経理課	Accounting Division	Accountant
・お客様相談室	Customer Desk, Customer Service Office	Administrator of aaaa
・地域貢献担当	Corporate Community Relations Support	Administrator of bbbb
・環境担当	Environment Country Operations	Administrator of Envir.
・法務・知的所有権	Law & Intellect. Property	Administrator of Law

＊製品保証 Production Assurance Dept.

設計ガイド(製品主機能)を検証する製品保証部門とは区別して、品質管理部門(Quality Control Dept.)は、製品が図面・技術仕様書に一致しているかの日常品質管理を担当する部門と区分する企業もある。

著者略歴

板谷孝雄(いたや　たかお)

1969年　日本アイ･ビー･エム(株)入社。

生産技術者・包装設計者として多くのコンピーター製造に従事。

米国IBMグレンデール研究所での製品開発に参加。

タイ国の現地国産化プロジェクトにも参加。

現在　AI(エーアイ)代表

英語図面・技術文書・技術英語・技術英語プレゼンテーションに関する

著作・翻訳・セミナー/講演講師・企業様技術支援

ASME (The American Society of Mechanical Engineers) 会員

問合せ:Ａ Ｉ(エーアイ)　代表　板谷孝雄

Instagram@zumen_english

URL:http://www16.plala.or.jp/zumen/

「図面の英語　ホームページ」

伝わる技術英語

©2025　板谷　孝雄

2025年2月14日第1版第1刷

著者　板谷　孝雄

発行者　Ａ Ｉ(エーアイ)

発行所　〒253-0001 神奈川県茅ケ崎市赤羽根４８１－５

電話・FAX：0467-52-1080

URL: http://www16.plala.or.jp/zumen/

落丁・乱丁本はお取り替えします。　協和オフセット印刷株式会社

開発者・技術者・技術翻訳者のための

図面の英語例文
+用語集 II

NOTES:
1 MUST BE UL RECOGNIZED AND CSA CERTIFIED. TEST HOUSE CERTIFICATION DOES NOT APPLY FOR JAPAN MACHINES.
2 THE FOLLOWING MARKING MUST BE PERMANENTLY AND LEGIBLY AFFIXED TO THE CIRCUIT BREAKER BODY. AI PART NUMBER, MANUFACTURE CATALOG NUMBER, 20 AMP 240/480 VAC, 50/60 HERTZ, WEEK OF MANUFACTURE (ETA DATA CODE).
3 COLOR OF BODY AND HANDLE IS BLACK. MAT PLASTIC.
4 IMPEDANCE GIVEN REPRESENTS AN INITIAL (NEW CB) VALUE, AFTER LIFE TEST THIS CB MUST PERFORMANCE OF UL 489 (HEAT RISE SPEC) OR APPLICABLE TEST HOUSE STANDARD.

板谷 孝雄

A I (エーアイ)

～開発者・技術者・技術翻訳者のための

図面の英語例文 +用語集 II

板谷　孝雄 著

発行・発売：AI(エーアイ)
H P：http://www16.plala.or.jp/zumenn/
定 価：**4840**円(本体4400円+税10%)
ISBN978-4-9904674-7-0

板谷孝雄著「図面の英語例文+用語集」AI(エーアイ)の全面改定版

英語例文　1,500例!

例文を製品別・工程別にして検索に便利!

目次：

I　表記法　基本原則・寸法記入法・注記の規則・表題・図面の種類・記号法・米国規格文献

II　英語表現例 (製品別)　プラスチック・板金・機械加工品・電気部品・ケーブル・ラベル・テープ・包装資材とその他部品・市販品

III　英語表現例 (工程別)　製品一般・材料仕様・寸法と公差・一般加工・成型加工・溶接・はんだづけ・接着加工・熱処理・塗装・めっき・印刷と表示・組立・試験・検査・包装作業 安全管理・技術管理

図面の英語用語集

日本語訳…8千語 + 英語訳…1万3千語　略語…9千語

著者紹介：
板谷　孝雄
(AI代表)

英語図面・技術文書に関する著書・規格翻訳・技術講習会・講演会講師・企業技術支援
●日本アイ・ビー・エム(株)入社　生産技術者・包装設計者として多くのコンピューター製造に従事
●米国IBMグレンデール研究所での製品開発に参加　タイ現地国産化プロジェクトに参加
●ASME(The American Society of Mechanical Engineers 米国機械学会)会員

購入先：Amazon・丸善書店・三省堂書店・紀伊國屋書店・MARUZEN&ジュンク堂書店・有名書店および弊社ホームページの「ご注文」による直接購入

AI(エーアイ) 板谷孝雄の紹介

板谷孝雄 (いたや たかお)

1969年 日本アイ・ビー・エム(株)入社。
生産技術者・包装設計者として多くのコンピーター製造に従事。
米国IBMグレンデール研究所での製品開発に参加。
タイ国の現地国産化プロジェクトにも参加。

現在 AI(エーアイ)代表

英語図面・技術文書・技術英語・技術英語プレゼンテーションに関する著作・翻訳・セミナー/講演講師・企業様技術支援。
ASME (The American Society of Mechanical Engineers、米国機械学会)会員

著作

「図面の英語」総研出版、「図面の英語表現」、「図面の英語例文集 ～エクセル版」、「英語図面の作成要領Ⅱ」、「図面の英語例文＋用語集Ⅱ」、「技術者の実務英語」、「英文技術文書の作成＋用語集」、「英語プレゼンテーション ～ ポイントと英語フレーズ 1740」、「伝わる技術英語」
図面・技術文書関連のデータベースライブラリー各種(お見積依頼を)。
AI(エーアイ) (出版)

技術翻訳

- 「寸法および公差記入法」 ASME Y14.5M-1994 Dimensioning and Tolerancing)
- 「メートル法図面用紙寸法と様式」 ASME Y14.1M-1995 Metric Drawing Sheet Size and Format
- 「線の規約と書体」 ASME Y14.2M-1992 Line Conventions and Lettering

問合せ:ＡＩ(エーアイ) 代表 板谷孝雄
Instagram @ zumen_english
URL: http://www16.plala.or.jp/zumen/

データベースの支援

技術者の英語活用帳

- 図面の英語例文集
- 技術文書の英語例文集
- 技術用語集
- 技術英語文法
- 英語プレゼンテーション
- 各種便利帳(書籍原稿より)

ご活用が頂けます

開発・設計者
生産技術者
製造技術者
技術翻訳者
海外営業者
学生の皆様

Microsoft Word / Excelでの有料提供です。
ご希望の方は、弊社HPの「問合せ」をご利用ください。